DIANLI ANQUAN GONGQIJU JI JIJU YUFANGXING SHIYAN

电力安全工器具
及机具预防性试验

李瑞　应鸿　王嘉晶　林琳　编著

中国电力出版社
CHINA ELECTRIC POWER PRESS

内 容 提 要

为了规范和完善电力安全工器具及小型施工机具预防性试验，科学、严谨地开展预防性试验工作，作者结合电力安全生产的需要，以国家、行业等标准规范为依据，以确保电力安全工器具与小型施工机具的试验质量和在使用中的安全可靠及保障人身安全、设备安全和电网安全为出发点，结合现场工作情况编制了本书。

本书共分八章，内容包括安全相关规定、电力安全工器具预防性试验、小型施工机具预防性试验、材料电气性能与试验、机械性能与试验、检测数据处理基础、检测实验室管理、实验室管理系统简介。本书内容涵盖了全面、具体的试验方法和管理方法的指导。

本书可作为电力行业电力安全工器具及小型施工机具的试验管理人员、生产制造企业的设计、加工制造及检验等技术人员，以及电力行业施工、安装、修试及运维等作业人员的工作常备书和培训教材，也可作为安全生产管理及技术人员、电力专业大专院校学生的参考图书。

图书在版编目（CIP）数据

电力安全工器具及机具预防性试验 / 李瑞等编著. —北京：中国电力出版社，2020.7（2023.11重印）
ISBN 978-7-5198-4701-2

Ⅰ．①电… Ⅱ．①李… Ⅲ．①电力工业－安全设备 Ⅳ．① TM08

中国版本图书馆 CIP 数据核字（2020）第 100115 号

出版发行：中国电力出版社
地　　址：北京市东城区北京站西街 19 号（邮政编码 100005）
网　　址：http://www.cepp.sgcc.com.cn
责任编辑：翟巧珍（806636769@qq.com）
责任校对：黄　蓓　郝军燕
装帧设计：张俊霞
责任印制：石　雷

印　　刷：北京天泽润科贸有限公司
版　　次：2020 年 7 月第一版
印　　次：2023 年 11 月北京第二次印刷
开　　本：787 毫米 ×1092 毫米　16 开本
印　　张：12.5
字　　数：261 千字
印　　数：2001—2500 册
定　　价：50.00 元

前 言

随着我国国民经济飞速增长，电力工业也得到迅速发展。近年来，从国外引进的和国内开发的各类电力安全工器具及小型施工机具正越来越多地被应用到电力生产中。而电力安全工器具及小型施工机具的性能直接关系到人身、设备和电网的安全。为防止不合格产品流入电力系统，需要加强对电力安全工器具及小型施工机具的检测试验和管理工作，及时发现潜在的故障及缺陷，以确保电力生产企业人身、设备和电网的安全。

本书依据国家、行业等相关标准和规程，紧密结合工作实际重点介绍了各类电力安全工器具及小型施工机具的预防性试验方法及相关技术要求，并对材料的电气性能和机械性能及试验要求、检测数据处理与检测实验室管理、实验室 LIMS 管理系统等方面进行了详细介绍。

全书共分八章内容，第一章、第二章由李瑞同志执笔，第三章、第七章由王嘉晶同志执笔，第四章、第六章由应鸿同志执笔，第五章、第八章由林琳同志执笔，全书由李瑞同志统稿。

在本书的编写过程中得到了章伟林、张学东、徐爱民等同志的大力支持和帮助，在此一并致以深深地感谢。

限于编者水平，书中难免存有不妥之处，恳请读者批评指正。

编 者

2020 年 5 月

目 录

第一章 安全相关规定

安全是人类社会永恒的主题,是国家、企业和谐发展的坚实基础。国家把遵守技术规范规定为法律义务,在《中华人民共和国安全生产法》(简称《安全生产法》)第十条规定"生产经营单位必须执行依法制定的保障安全生产的国家标准或者行业标准"。

第一节 相关安全法律法规

在我国的法律法规体系中,与电力安全工器具及小型施工机具有关的相关法律、法规及规范主要包括《安全生产法》《电力建设安全工作规程》《劳动防护用品监督管理规定》《国家电网公司电力安全工作规程》等。

一、《安全生产法》总体要求

《安全生产法》是我国安全生产基本法律,是各类生产经营单位及从业人员实现安全生产所必须遵循的行为准则。《安全生产法》共分七章,即总则、生产经营单位的安全生产保障、从业人员的安全生产权利义务、安全生产的监督管理、生产安全事故的应急救援与调查处理、法律责任、附则。《安全生产法》明确了安全生产监督部门、生产经营单位、从业人员、工会、中介机构等组织和个人的权力、责任和义务;明确了安全生产工作应坚持安全第一、预防为主、综合治理的方针。同时强调以下几点:

(1)生产经营单位必须遵守《安全生产法》和其他有关安全生产的法律法规,加强安全生产管理,建立、健全安全生产责任制和安全生产规章制度,改善安全生产条件,推进安全生产标准化建设,提高安全生产水平,确保安全生产。

(2)生产经营单位的主要负责人对本单位的安全生产工作全面负责。

(3)生产经营单位的从业人员有依法获得安全生产保障的权利,并应当依法履行安全生产方面的义务。

(4)依法设立的为安全生产提供技术、管理服务的机构,依照法律、行政法规和执业准则,接受生产经营单位的委托为其安全生产工作提供技术、管理服务。

(5)安全设备的设计、制造、安装、使用、检测、维修、改造和报废,应当符合国家标准或者行业标准。生产经营单位必须对安全设备进行经常性维护、保养，并定期检测，保证正常运转。维护、保养、检测应当做好记录，并由有关人员签字。

（6）生产经营单位应当教育和督促从业人员严格执行本单位的安全生产规章制度和安全操作规程，并向从业人员如实告知作业场所和工作岗位存在的危险因素、防范措施以及事故应急措施。

（7）生产经营单位必须为从业人员提供符合国家标准或者行业标准的劳动防护用品，并监督、教育从业人员按照使用规则佩戴、使用。

（8）生产经营单位应当安排用于配备劳动防护用品、进行安全生产培训的经费。

（9）从业人员在作业过程中，应当严格遵守本单位的安全生产规章制度和操作规程，服从管理，正确佩戴和使用劳动防护用品。

（10）从业人员应当接受安全生产教育和培训，掌握本职工作所需的安全生产知识，提高安全生产技能，增强事故预防和应急处理能力。

二、《电力建设安全工作规程》总体要求

《电力建设安全工作规程》为强制性行业标准，是指导电力建设安全生产的技术规程，由三个部分组成。

DL 5009.1—2014《电力建设安全工作规程 第1部分：火力发电》规定了火力发电工程建设项目实施过程应执行的安全生产要求，适用于新建、扩建和改建的火力发电工程建设项目（包括核电站常规岛）建筑、安装、调试等安全生产工作。

DL 5009.2—2013《电力建设安全工作规程 第2部分：电力线路》规定了电力线路施工过程中应遵守的安全规定和应采取的措施，适用于新建、改建、扩建的交流 35kV、直流±400kV（含接地极线路）及以上架空输电线路和 10kV（含 6kV）及以上电力电缆线路的施工。

DL 5009.3—2013《电力建设安全工作规程 第3部分：变电站》规定了变电站（含开关站、换流站）施工过程中为确保施工人员的生命安全和身体健康应遵守的安全施工要求和应采取的措施，适用于新建、改建、扩建的交流 1000kV 及以下变电站、直流±800kV 及以下换流站工程的施工。

三、《用人单位劳动防护用品管理规范》总体要求

2018 年 1 月 15 日国家安全生产监督管理总局修订了《用人单位劳动防护用品管理规范》（安监总厅安健〔2015〕124 号），包括总则，劳动防护用品选择，劳动防护用品采购、发放、培训及使用，劳动防护用品维护、更换及报废，附则五章内容，规范了用人单位劳动防护用品的配备、使用和管理，保障了劳动者安全健康及相关权益。

四、《国家电网公司电力安全工作规程》总体要求

为适应电网生产技术的进步，加强电力生产现场的安全管理，国家电网公司制定了 Q/GDW 1799—2013《国家电网公司电力安全工作规程》，规定了工作人员在作业现场应

遵守的安全要求，适用于在运用中的发电、输电、变电（包括特高压、高压直流）、配电和用户电气设备上及相关场所工作的所有人员。

第二节　安全工器具管理规定

为了保证作业人员在生产活动中的人身安全，确保电力安全工器具产品质量和安全使用，规范安全工器具的管理，国家电网有限公司（简称国家电网公司）在有关标准和规程的基础上，制定了《国家电网公司电力安全工器具管理规定》。

（1）安全工器具管理遵循"谁主管、谁负责""谁使用、谁负责"的原则，落实资产全寿命周期管理要求，严格计划、采购、验收、检验、使用、保管、检查和报废等全过程的管理，做到"安全可靠、合格有效"。

（2）安全工器具管理实行"归口管理、分级实施"的模式。

（3）国家电网公司总（分）部、各省公司、直属单位及其所属单位逐级承担本单位的安全工器具管理职责，各级安全监督管理部门负责归口管理和监督工作。

（4）各级单位每年应根据国家电网公司统一下达的年度综合计划和预算，结合工作实际申报安全工器具采购计划和月度现金流量预算。

（5）安全工器具必须符合国家和行业有关安全工器具的法律、法规、强制性标准和技术规程以及国家电网公司相应规程规定的要求。

（6）各级单位应选择业绩优秀、质量优良、服务优质且在国家电网公司系统内具有一定使用经验、应用情况良好的产品。有型式试验要求的产品应具备有效的型式试验报告。

（7）安全工器具应严格履行物资验收手续，由物资部门负责组织验收，安全监察质量部门和使用单位派人参加。新购置安全工器具到货后，应组织检验，检验方法可采用逐件检查或抽检，抽检比例应根据安全工器具类别、使用经验、供应商信用等情况综合确定。检验合格后，各方在验收单上签字确认。合格者方可入库或交付使用单位，不合格者应予以退货。

（8）对于没有应用经验的新型安全工器具，应经有资质的检验机构检验合格，由地市供电企业专业部门组织认定并批准后，方可试用。

（9）安全工器具应通过国家、行业标准规定的型式试验，以及出厂试验和预防性试验。进口产品的试验不低于国内同类产品标准。

（10）安全工器具应由具有资质的安全工器具检验机构进行检验。预防性试验可由通过国家电网公司总部或省公司、直属单位组织评审、认可，取得内部检验资质的检测机构实施，也可委托具有国家认可资质的安全工器具检验机构实施。

（11）加强国家电网公司各级安全工器具检测试验中心建设，完善工作网络和体系，有效开展检测试验工作，及时发现安全工器具缺陷和隐患，保障使用安全。

（12）国家电网公司总部委托具备相应资质和能力的安全工器具质量监督检验机构，提供安全工器具监督管理和技术支撑服务。省级公司、地市级公司安全工器具检测试验机构负责所属单位安全工器具试验检验及技术监督工作。有条件的县公司级单位可设置安全工器具检测机构，负责本单位安全工器具试验检验工作。施工企业可根据国家相关标准自行检验或委托有资质的第三方进行检验。

（13）应进行预防性试验的安全工器具：

1）规程要求进行试验的安全工器具；

2）新购置和自制安全工器具使用前；

3）检修后或关键零部件经过更换的安全工器具；

4）对其机械、绝缘性能产生疑问或发现缺陷的安全工器具；

5）出了质量问题的同批次安全工器具。

（14）安全工器具使用期间应按规定做好预防性试验。

（15）安全工器具经预防性试验合格后，应由检验机构在合格的安全工器具上（不妨碍绝缘性能、使用性能且醒目的部位）牢固粘贴"合格证"标签或可追溯的唯一性标识，并出具检测报告。

（16）各级单位应为班组配置充足、合格的安全工器具，建立统一分类的安全工器具台账和编号方法。使用保管单位应定期开展安全工器具清查盘点，确保做到账、卡、物一致。

（17）安全工器具使用总体要求：

1）使用单位每年至少应组织一次安全工器具使用方法培训，新进员工上岗前应进行安全工器具使用方法培训；新型安全工器具使用前应组织针对性培训。

2）安全工器具使用前应进行外观、试验时间有效性等检查。

3）绝缘安全工器具使用前、后应擦拭干净。

4）对安全工器具的机械、绝缘性能不能确定时，应进行试验，合格后方可使用。

（18）安全工器具领用、归还应严格履行交接和登记手续。领用时，保管人和领用人应共同确认安全工器具有效性，确认合格后，方可出库；归还时，保管人和使用人应共同进行清洁整理和检查确认，检查合格的返库存放，不合格或超试验周期的应另外存放，做出"禁用"标识，停止使用。

（19）安全工器具宜根据产品要求存放于合适的温度、湿度及通风条件处，与其他物资材料、设备设施应分开存放。

（20）使用单位公用的安全工器具，应明确专人负责管理、维护和保养。个人使用的安全工器具，应由单位指定地点集中存放，使用者负责管理、维护和保养，班组安全员不定期抽查使用维护情况。

（21）安全工器具在保管及运输过程中应防止损坏和磨损，绝缘安全工器具应做好防潮措施。

（22）使用中若发现产品质量、售后服务等不良问题，应及时报告物资部门和安全监察质量部门，查实后，由安全监察质量部门发布信息通报。

（23）安全工器具符合下列条件之一者，即予以报废：

1）经试验或检验不符合国家或行业标准的；

2）超过有效使用期限，不能达到有效防护功能指标的；

3）外观检查明显损坏影响安全使用的。

（24）报废的安全工器具应及时清理，不得与合格的安全工器具存放在一起，严禁使用报废的安全工器具。

（25）安全工器具报废，应经本单位安全监察质量部门组织专业人员或机构进行确认，属于固定资产的安全工器具报废应按照国家电网公司固定资产管理办法有关规定执行。

（26）报废的安全工器具，应做破坏处理，并撕毁"合格证"。

（27）安全工器具报废情况应纳入管理台账做好记录，存档备案。

（28）班组（站、所）应每月对安全工器具进行全面检查，做好检查记录；对发现不合格或超试验周期的应隔离存放，做出禁用标识，停止使用。

（29）县公司级单位应每季对安全工器具使用和保管情况进行检查，做好检查记录；地市公司级单位应每半年对所属单位的安全工器具进行监督检查，做好检查记录。发现不合格安全工器具或管理方面存在的薄弱环节，督促责任单位、班组及时整改。

（30）各省公司级单位应至少每年组织一次对所属单位安全工器具管理工作进行监督检查，并督促责任单位及时整改存在问题和不足。

（31）对安全工器具使用和各类检查中及时发现问题和隐患、避免人身和设备安全事件的单位和人员，应予以表彰。

（32）各级安全监察质量部门应对各类检查发现的安全工器具存在问题进行统计分析，查找原因，从管理上提出改进措施和要求，及时发布相关信息。每年对安全工器具质量进行综合评价，对产品优劣信息予以通报。

第二章　电力安全工器具预防性试验

电力安全工器具的性能直接关系到人身、设备和电网的安全，定期进行预防性试验是电力安全生产管理的重要内容，是保证工器具安全、可靠、合格的重要手段。

第一节　基　本　要　求

预防性试验是对已投入使用的工器具，按规定的试验条件、试验项目和试验周期所进行的定期试验，以便发现其隐患，预防事故的发生。

一、分类

电力安全工器具分为个体防护装备、绝缘安全工器具、登高工器具等。

（1）个体防护装备是保护人体避免受到急性伤害而使用的安全用具，包括安全帽、防护眼镜、自吸式防毒面具、正压式消防空气呼吸器、安全带、安全绳、连接器、速差自控器、导轨自锁器、缓冲器、安全网、静电防护服、防电弧服、耐酸服、SF_6防护服、耐酸手套、耐酸靴、导电鞋（防静电鞋）、个人保安线、SF_6气体检漏仪、含氧量测试仪及有害气体检测仪等。

（2）绝缘安全工器具分为基本绝缘安全工器具、带电作业安全工器具和辅助绝缘安全工器具。

1）基本绝缘安全工器具是指能直接操作带电装置、接触或可能接触带电体的专用绝缘安全工器具，包括绝缘杆、电容型验电器、携带型短路接地线、核相仪、绝缘遮蔽罩、绝缘隔板、绝缘绳和绝缘夹钳等。

2）带电作业安全工器具是指在带电的电力装置上进行作业或接近带电部分所进行的各种作业（特别是工作人员身体的任何部分或采用工具、装置或仪器进入限定的带电作业区域的所有作业）所使用的工器具，包括带电作业用绝缘安全帽、绝缘服装、屏蔽服装、绝缘手套、绝缘靴（鞋）、绝缘垫（毯）、绝缘硬梯、绝缘托瓶架、绝缘绳（绳索类工具）、绝缘软梯、绝缘滑车和提线工具等。

3）辅助绝缘安全工器具是指绝缘强度不能承受设备工作电压，只是用于加强基本绝缘工器具的保安作用，用以防止接触电压、跨步电压、泄漏电流电弧对作业人员的伤害。不能用辅助绝缘安全工器具直接接触高压设备带电部分，包括辅助型绝缘手套、绝缘靴（鞋）和绝缘胶垫。

（3）登高工器具是用于登高作业、临时性高处作业的工具，包括脚扣、登高板（升降板）、便携式梯子、软梯、快装脚手架及检修平台等。

二、试验条件

试验条件包括实验室设施及环境、试验设备、职业健康安全等。

1. 设施及环境

设施及环境条件应适合于实验室活动，不应对结果有效性产生不利影响。

（1）耐受电压试验时环境温度应在5～40℃之间，湿度不高于80%RH，海拔修正应符合GB 26861—2011《电力安全工作规程　高压试验室部分》的规定。

（2）应监测、控制和记录环境条件，当环境条件不满足要求时应停止试验。

（3）电气试验区域接地网接地电阻不应大于0.5Ω。

（4）应将不相容活动的相邻区域进行有效隔离。

2. 试验设备

实验室应配备进行试验所要求的所有设备。

（1）设备应达到要求的准确度；机械性能试验机、直流电阻测量仪、泄漏电流测量仪的准确度等级应为1.0级或优于1.0级，耐受电压测量装置的准确度等级应为3.0级或优于3.0级。

（2）选择设备所用量程时，试验值不宜小于试验设备所用量程的10%或不宜大于量程的80%。

（3）对试验结果的准确性或有效性有影响的测量设备应进行校准。

3. 职业健康安全

试验人员应配备安全防护器具。

（1）机械性能试验时应有安全防护装置，防止试验中受力试样伤人。试验人员应佩戴安全帽等。

（2）高压试验时应防止触电，试验人员放电时应戴绝缘手套、穿绝缘鞋等。

三、试验流程

试验流程包括方法选择、外观检查、试验、数据记录、结果报告。当外观检查合格后，方可进行后续的试验。如试样需进行机械性能和电气性能试验，则先进行机械性能试验，再进行电气性能试验。

第二节　安　全　帽

安全帽是对人头部受坠落物及其他特定因素引起的伤害起防护作用，由帽壳、帽衬、下颏带及附件等组成。按电力作业不同使用场合，安全帽可分为普通安全帽、普通绝缘安全帽和带电作业用安全帽。

一、预防性试验项目和周期

新购入与到使用年限需延长使用的安全帽应按批抽检。试验项目为常温冲击性能试验和常温耐穿刺性能试验。普通绝缘安全帽，每 12 个月进行 1 次交流泄漏电流试验。带电作业用绝缘安全帽，每 6 个月进行 1 次交流耐压试验。

二、试验设备

（1）安全帽试验机 1 台（包括 1、2 号头模各 1 个）。

（2）50kV 交流耐压装置 1 套。

（3）长 0.8m、宽 0.8m、深 1.0m 试验水槽 1 只。

（4）电极或手持探头（直径 4mm，顶端为半球形）、电压表、电流表、分辨力不小于 0.1s 的计时器。

三、试验方法及要求

1. 外观

（1）产品名称、标准编号、制造厂名称、生产日期、特殊技术性能（如果有）等标识完整清晰。

（2）安全帽的帽壳、帽衬（帽箍、吸汗带、缓冲垫及衬带）和下颏带等组件完好无缺失。

（3）帽壳内外表面应平整光滑，无划痕、裂缝和孔洞，无灼伤、冲击痕迹。

（4）帽衬与帽壳连接牢固，后箍、锁紧卡等开闭调节灵活、卡位牢固。

2. 常温冲击性能试验

试验布置见图 2-1。根据安全帽佩戴高度选择合适的头模；按照说明书调整安全帽至正常使用状态，将安全帽佩戴在头模上，应保证帽箍与头模的接触为自然佩戴状态且稳定；调整 5kg 落锤的轴线同传感器的轴线重合（水平偏移不大于 10mm）；调整落锤的高度 H 为 1000mm±5mm（锤底面至帽顶的距离）；如果使用带导向的落锤系统，在测试前应验证 60mm 高度下落末速度与自由下落末速度相差不超过 0.5%；对安全帽进行测试。记录冲击力值，准确到 1N。传递到头模上的力不超过 4900N，帽壳无碎片脱落，则试验通过。

3. 常温耐穿刺性能试验

试验布置见图 2-2。安全帽安装要求与冲击性能试验相同，调整 3kg 穿刺锥的轴线使其穿过安全帽帽顶中心直径 100mm 范围内结构最薄弱处；调整穿刺锥尖至帽顶接触点的高度 H 为 1000mm±5mm；对安全帽进行测试，观察通电显示装置（或帽顶与头模之间垫白纸一张）和安全帽的破坏情况。记录穿刺结果。穿刺锥尖不接触头模，帽壳无碎片脱落，则试验通过。

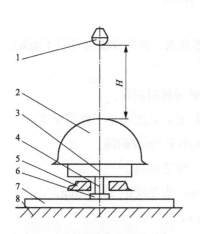

图 2-1　冲击性能试验布置图

1—落锤；2—安全帽；3—头模；4—过渡轴；

5—支架；6—传感器；7—底座；8—基座

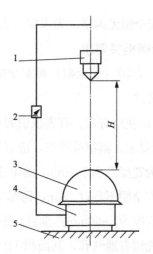

图 2-2　耐穿刺性能试验布置图

1—穿刺锥；2—通电显示装置；

3—安全帽；4—头模；5—基座

4. 交流泄漏电流试验

安全帽应在温度 20℃±2℃、浓度 3g/L 的 NaCl 溶液里浸泡 24h，取出后应在 2min 内将安全帽表面擦干，应优先采用测试方法 2 和测试方法 3。如果安全帽有通气孔、金属零件贯穿帽壳等情况采用测试方法 1 和测试方法 3。两种测试方法检测结果同时合格为合格。测得的交流泄漏电流应不超过 1.2mA。

（1）测试方法 1。将安全帽放在头模上，锁紧帽箍；将探头接触帽壳外表面的任意一处；在头模和探头之间施加交流电压，在 1min 内增加至 1200V±25V，保持 15s；重复测试 10 个点。记录泄漏电流值。

（2）测试方法 2。试验布置见图 2-3。将安全帽倒放在试验水槽中，在水槽和帽壳内注入 3g/L 的 NaCl 溶液，直至液面距帽壳边缘 10mm 为止。将电极分别放入帽壳内外的溶液中，调整交流电压在 1min 内增加至 1200V±25V，保持 15s。记录泄漏电流值。

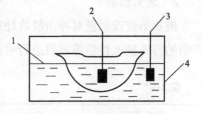

图 2-3　安全帽泄漏电流试验图

1—液面；2—高压电极；

3—接地极；4—试验水槽

（3）测试方法 3。用两个探头接触帽壳外表面任意两点并施加电压，两点间的距离不小于 20mm；调整交流电压在 1min 内增加至 1200V±25V，保持 15s；测量两点间的泄漏电流，重复测试 10 个点。记录泄漏电流值。

5. 交流耐压试验

试验布置见图 2-3，将 NaCl 溶液替换成水。将试验变压器的两端分别接到水槽内和帽壳内的水中，试验电压应从较低值开始上升，并以大约 1000V/s 的速度逐渐升压至 20kV，保持1min。安全帽无闪络、无击穿、无发热为合格。

四、安全帽相关要求

GB 2811—2007《安全帽》对安全帽的技术要求、进货检验等进行了规定。

1. 技术要求

安全帽不得使用有毒、有害或引起皮肤过敏等材料制作。

（1）一般要求。帽箍可调整，应有吸汗性织物，宽度不小于帽箍宽度。

1）系带为宽度不小于10mm的带或直径不小于5mm的绳。

2）普通安全帽不超过430g，防寒安全帽不超过600g。

3）佩戴高度80～90mm，垂直间距≤50mm，水平间距5～20mm。

4）如帽壳留有通气孔，其面积150～450mm²。

（2）基本技术性能。下颏带破坏力值150～250N。

1）经高温、低温、浸水、紫外线照射预处理后做冲击性能试验，传递到头模上的力不超过4900N，帽壳不得有碎片脱落。

2）经高温、低温、浸水、紫外线照射预处理后做耐穿刺性能试验，钢锥不得接触头模表面，帽壳不得有碎片脱落。

（3）特殊技术性能。

1）防静电性能，表面电阻率不大于$1\times10^9\Omega$。

2）电绝缘性能，泄漏电流不超过1.2mA。

3）侧向刚性，最大变形不超过40mm，残余变形不超过15mm，帽壳不得有碎片脱落。

4）阻燃性能，续燃时间不超过5s，帽壳不得烧穿。

5）耐低温性能，经低温（−20℃）预处理后做冲击和穿刺测试。

2. 进货检验

进货单位按批量对冲击吸收性能、耐穿刺性能、垂直间距、佩戴高度、标识及标识中声明的特殊技术性能等项目进行检测，样本大小见表2-1。

表2-1　　　　　　　　　　　　样 本 大 小

批量范围	<500	≥500～5000	≥5000～50000	≥50000
样本大小	$1\times n$	$2\times n$	$3\times n$	$4\times n$

注　n为满足规定检测项目需求顶数。

第三节　防　护　眼　镜

防护眼镜是进行检修/维护电气设备时，保护作业人员不受电弧灼伤及防止异物落入眼内的防护用具。

一、检查要求

防护眼镜每次使用前应进行检查。

（1）产品名称、规格型号等标识清晰完整，并位于透镜表面不影响使用功能处。

（2）眼镜表面光滑，无气泡、杂质，无开裂、变形。

（3）镜架平滑，镜片与镜架衔接牢固，佩戴后无压迫鼻梁、刮擦面部及耳朵等现象。

二、防护眼镜相关要求

GB 14866—2006《个人用眼护具技术要求》规定了防护眼镜相关技术要求。

（1）材料。接触佩戴者的部分不应使用刺激皮肤的材料。

（2）结构。可调节部件应易于调节和替换。

（3）头箍。头箍应能调节，与佩戴者接触的宽度不小于10mm，材料应质地柔软、经久耐用。

（4）镜片规格。单镜片不小于：105mm（长）×50mm（宽）。双镜片：圆镜片直径不小于40mm；成形镜片不小于：30mm水平基准长度×25mm垂直高度。

（5）镜片的外观质量。镜片表面应光滑、无划痕、波纹、气泡、杂质或其他可能有损视力的明显缺陷。

（6）光学性能。眼镜的屈光度、棱镜度、可见光透射比应符合相关规定。

（7）抗冲击性能。用于抗冲击的防护眼镜，应经受直径22mm、45g钢球从1.3m高度自由落下的冲击。

（8）耐热性能。耐热性能测试后，应无异常，镜片的光线性能在规定范围内无变化。

（9）耐腐蚀性能。耐腐蚀性能测试后，防护眼镜的所有金属部件应呈无氧化的光滑表面。

（10）镜片耐磨性能。耐磨性能测试后，镜片表面磨损率应低于8%。

（11）防高速粒子冲击性能。用于防高速粒子冲击的防护眼镜应能承受直径为6mm、0.86g钢球在规定速度下的冲击；不应发生镜片破损、变形、框架破损及侧面防护失效等。

（12）熔融金属和炽热固体防护性能。对眼部提供防护的零件材料应为非金属或经过防熔融金属黏附及抗炽热固体穿透的处理。

（13）化学雾滴防护性能。化学雾滴防护性能测试后，镜片中心范围内试纸应无色斑出现。

（14）粉尘防护性能。粉尘防护性能测试后，测试后与测试前的反射率比应大于80%。

（15）刺激性气体防护性能。刺激性气体防护性能测试后，镜片中心范围内试纸应无色斑出现。

第四节　自吸过滤式防毒面具

自吸过滤式防毒面具是有氧环境中使用的呼吸器，是保护工作人员呼吸的防护用具。

一、检查要求

自吸过滤式防毒面具每次使用前应进行检查。

（1）产品名称、规格型号等标识清晰完整，无破损。

（2）面具应完整，滤罐在有效期内，面罩密合框应与佩戴者颜面密合，无明显压痛感。

二、自吸过滤防毒面具相关要求

GB 2890—2009《呼吸防护　自吸过滤式防毒面具》对防毒面具技术要求进行了规定。

1. 面罩

面罩边缘应平滑，无明显棱角和毛刺。

（1）面罩与面部紧密贴合，无明显压痛感，固定系统应能调节；面罩上可更换部件应易于更换；面罩观察眼窗应视物真实、防止结雾；面罩材料应无毒、无刺激性，能清洗或消毒处理；面罩上的金属材料应进行防腐处理。

（2）经高低温后的面罩应无明显变形，螺纹连接部分连接牢固。

（3）续燃时间不大于 5s。

（4）当呼吸阀减压至 -1180Pa 时，全面罩呼吸阀于 45s 内负压值下降不应大于 500Pa；半面罩呼吸阀恢复至常压的时间不应小于 20s。

（5）全面罩泄漏率不应大于 0.05%；半面罩泄漏率不应大于 2%。

（6）面罩观察眼窗镜片透光率（透光比）不应小于 89%，镜片不能破碎。

（7）全面罩与过滤件接头结合力不应小于 250N；半面罩与过滤件接头结合力不应小于 50N；带导气管的全面罩与导气管结合力不应小于 50N。

（8）全面罩头带应能经受 150N 拉力持续 10s，不破断；半面罩头带应能经受 50N 拉力持续 10s，不破断。

（9）导气管应有良好的伸缩性，弯曲成各种形状时应能保证气流畅通；导气管内压力值应在 15s 内不变化，长度应为 50～100cm。

2. 过滤件

外观应平滑，无毛刺。

（1）直接连接半面罩的过滤件总质量不应大于 300g，直接连接全面罩的过滤件总质量不应大于 500g。

（2）A 型、CO 型过滤件排尘量不应大于 0.24mg，其他类型过滤件排尘量不应大于 0.12mg。

（3）罐型过滤件 1min 内不应有气泡逸出，盒型过滤件应密封包装。

（4）标色色条应环绕一周，宽度不应小于 3mm；多功能过滤件应标识每种防护气体相应标色，色条间无间隔；综合过滤件标色应在规定的标色基础上加粉色色条，色条间无间隔；特殊过滤件标色应为紫色，清晰标明防护气体名称。

第五节　正压式消防空气呼吸器

正压式消防空气呼吸器（简称呼吸器）是用于无氧环境中的保护作业人员呼吸的防护用具。

一、检查要求

呼吸器每次使用前应进行检查。

（1）产品名称、规格型号等标识清晰完整，无破损。

（2）使用前应检查呼吸器气罐表计压力在合格范围内，面具应完整。

（3）呼吸器的佩戴和脱除应方便、快捷，佩戴舒适无局部压痛感；背具带应能调节长度，扣紧后不应发生滑脱；带扣和连接件锁紧后不应松动；全面罩的头带或头罩应能自由调整，戴脱应方便、快捷，密合框应与面部密合良好，无明显压痛感，带有眼镜支架时，连接应可靠，无明显晃动感；视线、通话应清晰；气瓶瓶阀和压力表应能伸手可及；受试者应能听到警报声；中压导气管不应影响头部的自由活动；呼吸应舒畅，无不适感觉。

二、试验要求

呼吸器的复合气瓶应每 3 年检测 1 次。

1. 水压试验

气瓶注满水后在试验室内静置 8h 以上。按 GB/T 9251—2011《气瓶水压试验方法》进行外侧法水压试验。水压试验压力应为气瓶标记的 100%～103%，保压 60s。水压试验时应同时测定容积残余变形率，不应大于 5%。

2. 气密性试验

按 GB/T 12137—2015《气瓶气密性试验方法》的浸水法要求，充入试验压力气体 1min，应无气泡出现。

三、呼吸器相关要求

GA 124—2013《正压式消防空气呼吸器》对呼吸器技术要求进行了规定。

1. 一般要求

呼吸器上可能在使用中受到撞击的裸露部件，不得使用铝、镁、钛及其合金等材料制造。

（1）呼吸器上与佩戴者皮肤直接接触的材料应对皮肤无刺激。

（2）呼吸器清洗和消毒后应无明显损伤。

（3）压力表视窗材料在破裂时不应产生碎片。

2. 结构要求

结构应简单紧凑，可自行佩戴和使用，通过狭小通道时不应被攀挂。

（1）应有防压缩空气中杂质的装置。

（2）气瓶外部应有防护套。

（3）气瓶瓶阀的安装位置应方便佩戴者开启或关闭瓶阀。

（4）显示气瓶压力的安装位置应方便佩戴者观察。

（5）气瓶瓶阀与减压器连接、全面罩与供气阀连接应可靠，且不需要专用工具。

（6）背具的构造应使佩戴者无局部压痛感；背具带应能调节长度，扣紧后不应发生滑脱。

3. 热性能要求

背具、背具带、带扣、气瓶防护套、全面罩、中压导气管和供气阀在阻燃性能试验后，不应出现熔融现象，续燃时间不应大于 5s。

4. 佩戴质量

不应大于 18kg（气瓶压力 30MPa 时）。

5. 整机气密性能

气密性能试验后，其压力表指示值在 1min 内下降值不应大于 2MPa。

6. 动态呼吸阻力

在 2～30MPa 范围内，以呼吸频率 40 次/min、呼吸流量 100L/min 呼吸，呼吸器全面罩内应保持正压，且吸气阻力不应大于 500Pa，呼气阻力不应大于 1000Pa。

7. 耐高温性能

高温试验后，各零部件应无异常变形、粘连、脱胶等现象。以呼吸频率 40 次/min、呼吸流量 100L/min 呼吸，呼吸器全面罩内应保持正压，且呼气阻力不应大于 1000Pa。

8. 耐低温性能

低温试验后，各零部件应无开裂、异常收缩、发脆等现象。以呼吸频率 25 次/min、呼吸流量 50L/min 呼吸，呼吸器全面罩内应保持正压，且呼气阻力不应大于 1000Pa。

9. 静态压力

静态压力不应大于 500Pa，且不应大于排气阀的开启压力。

10. 警报器性能

当气瓶压力下降至 5.5MPa±0.5MPa 时，警报器应连续声响警报或间歇声响警报。连续声响警报至少应以 90dB（A）的声强持续 15s；间歇声响警报不应少于 60s，其声强峰值不应小于 90dB（A），声响频率范围为 2000～4000Hz。之后应继续报警，直至气瓶压力降至 1MPa 为止。从警报启动至气瓶压力降至 1MPa 为止，气动警报器平均耗气量不应大于 5L/min。

11. 全面罩性能

头带或头罩应能自由调整，密合框应与佩戴者面部密合良好，无明显压痛感。视窗不应产生视觉变形现象。总视野保留率不应小于 70%，双目视野保留率不应小于 55%，下方视野保留率不应小于 35%。镜片透光率不应小于 85%。

12. 减压器性能

减压器输出压力调整部分应设置锁紧装置，输出端应设置安全阀。

13. 安全阀性能

安全阀的开启压力与全排气压力应在减压器输出压力最大设计值的110%～170%范围内；关闭压力不应小于减压器输出压力最大设计值。

14. 供气阀性能

供气阀应设置自动正压机构。

15. 压力表

压力表外壳应有橡胶防护套，量程最低值为0，最高值不应小于35MPa，精度不应低于1.6级，最小分格值不应大于1MPa，在暗淡环境下应能读出压力指示值。经24h水下1m的浸泡后，压力表内不应有水。当从呼吸器上拆下压力表和连接管后，在20MPa压力下的漏气量不应大于25L/min。

16. 压力平视显示装置

压力平视显示装置可采用无线或有线连接，不应妨碍佩戴者的视线和头部的转动，且无论头部是否摆动，佩戴者都应看到LED的工作状态。

17. 连接强度

全面罩接头与供气阀、供气阀与中压导气管、输入接头与输出接头之间的连接强度不应小于250N。

18. 高压部件强度

金属高压部件经气瓶公称工作压力的1.5倍水压试验，非金属高压部件经气瓶公称工作压力的2倍水压试验，应无渗漏和异常变形。

19. 中压导气管

中压导气管不应妨碍佩戴者工作和头部自由活动，且不应干扰供气阀同面罩的连接。经挤压试验后，空气流量的降低不应大于10%；试验后5min，应无可观察到的扭曲。经压力试验后，应无漏气和异常变形。

20. 快插接头

输入接头和输出接头的连接应方便、可靠，连接后不应产生漏气现象，并能自锁。

21. 气瓶瓶阀

气瓶瓶阀的开启方向为逆时针，气瓶瓶阀在开启后应保证不会被无意关闭，如气瓶瓶阀开启后不可锁定，则开启手轮应至少旋转两周才能达到关闭状态。应设置爆破压力37～45MPa的安全膜片。

第六节 安 全 带

安全带是防止高处作业人员发生坠落或发生坠落后将作业人员安全悬挂的个体防护装备，分为围杆作业安全带（通过围绕在固定构造物上的绳或带将人体绑定在固定构造物附近、使作业人员双手可以进行其他操作的安全带)、区域限制安全带(用于限制作业人员的活动范围、避免其到达可能发生坠落区域的安全带)和坠落悬挂安全带(高处作业或登高人员发生坠落时将作业人员安全悬挂的安全带)。

一、预防性试验项目和周期

安全带预防性试验项目为静负荷试验,试验周期不超过12个月。

二、试验设备

(1) 20kN 拉力试验机 1 台,分辨力不大于 10N。

(2) 标准模拟人 3 个,强度不小于 10kN。

三、试验方法及要求

1. 外观

(1) 产品名称、标准编号、产品类别(围杆作业、区域限制或坠落悬挂)、制造厂名、生产日期、伸展长度等标识完整清晰。

(2) 各部件完整无缺失、无伤残破损。

(3) 腰带、围杆带、肩带、腿带等无灼伤、脆裂及霉变,无明显磨损及切口;围杆绳、安全绳无灼伤、脆裂、断股及霉变,各股松紧一致无扭结;护腰带接触腰部分应垫有柔软材料,边缘圆滑无角。

(4) 织带折头连接应用线缝,不应使用铆钉、胶粘、热合等工艺;缝合线应完整无脱线,颜色与织带有区别。

(5) 金属配件表面光洁,无裂纹、严重锈蚀和变形,配件边缘应呈圆弧形;金属环类零件不允许焊接,不应留有开口。

(6) 金属挂钩等连接器应有保险装置,应在两个及以上明确的动作下才能打开,且操作灵活。钩体和钩舌的咬口应完整无偏斜。各调节装置应灵活可靠。

2. 静负荷试验

(1) 围杆作业安全带整体静负荷试验示意图见图 2-4,将安全带穿戴在标准模拟人身上,固定在有足够大台面的测试台架上,使模拟人承受负荷时不致歪斜。在穿过调节扣的带扣和带扣框架处做出标记,将加载点调整到围杆绳(带)与系手连接点的正上方。匀速加载,速度为 100mm/min±5mm/min,力值达 2205N 时保持 5min。计时精度不低于 1%,加载点应有缓冲装置不致形成对试样的冲击。试验结果应符合下列要求。

1) 不应出现织带撕裂、开线、绳断、金属件碎裂、连接器开启、金属件塑性变形、模拟人滑脱等现象;

2) 安全带不应出现明显不对称滑移或不对称变形;

3) 模拟人的腋下、大腿内侧不应有金属件;

4) 不应有任何部件压迫模拟人喉部和外生殖器;

5) 织带或绳在调节扣内的滑移不应大于25mm。

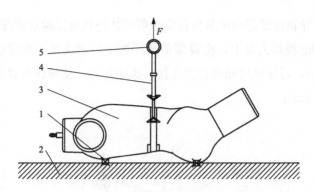

图 2-4 围杆作业安全带整体静负荷试验示意图

1—连接固定点；2—测试台架；3—模拟人；4—安全带；5—加载拉环

（2）区域限制安全带整体静负荷试验示意图见图 2-5，将安全带穿戴在标准模拟人身上，固定在有足够大台面的测试台架上，使模拟人承受负荷时不致歪斜。将加载点调整到安全绳与系带连接点的正上方，将调节器同加载装置连接。匀速加载至 1200N 保持 5min。试验结果应符合下列要求。

1）不应出现织带撕裂、开线、绳断、金属件碎裂、连接器开启、金属件塑性变形等现象；

2）安全带不应出现明显不对称滑移或不对称变形；

3）模拟人的腋下、大腿内侧不应有金属件；

4）不应有任何部件压迫模拟人喉部和外生殖器。

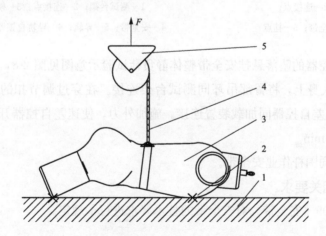

图 2-5 区域限制安全带整体静负荷试验示意图

1—测试台架；2—连接固定点；3—模拟人；4—安全带；5—调节器（带滚筒）

（3）坠落悬挂安全带。

1）仅含安全绳的坠落悬挂安全带整体静负荷试验示意图见图 2-6，将安全带穿戴在 100kg±2kg 模拟人身上，将臀部吊环同测试台架连接。在穿过调节扣的带扣和带扣框架处做出标记，将安全带的连接器同加载装置连接。匀速加载至 3300N 保持 5min。

电力安全工器具及机具预防性试验

2）含安全绳、导轨自锁器的坠落悬挂安全带整体静负荷试验示意图见图 2-7，将安全带穿戴在 100kg±2kg 模拟人身上，将臀部吊环同测试台架连接。在穿过调节扣的带扣和带扣框架处做出标记，将导轨同加载装置连接。施加外力，使导轨自锁器开始制动，匀速加载至 3300N 保持 5min。

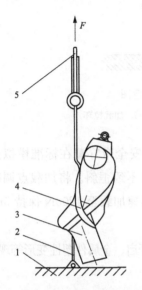

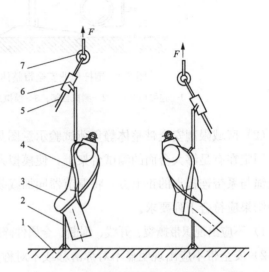

图 2-6　仅含安全绳的坠落悬挂安全
带整体静负荷试验示意图
1—测试台架；2—连接点；
3—模拟人；4—安全带；5—挂点

图 2-7　含安全绳、导轨自锁器的坠落悬
挂安全带整体静负荷试验示意图
1—测试台架；2—连接点；3—模拟人；
4—安全带；5—导轨；6—导轨自锁器；7—挂点

3）含速差自控器的坠落悬挂安全带整体静负荷试验示意图见图 2-8，将安全带穿戴在 100kg±2kg 模拟人身上，将臀部吊环同测试台架连接。在穿过调节扣的带扣和带扣框架处做出标记，将速差自控器同加载装置连接。施加外力，使速差自控器开始制动，匀速加载至 3300N 保持 5min。

4）结果判断同围杆作业安全带。

四、安全带相关要求

GB 6095—2009《安全带》对安全带的技术要求进行了规定。

1. 一般要求

安全带与身体接触的一面不应有突出物，结构应平滑。

（1）安全带进行模拟人穿戴测试，腋下、大腿内侧不应有绳、带等物品，不应有任何部件压迫喉部、外生殖器。

1）坠落悬挂安全带的安全绳同主带的连接点应固定于佩戴者的后背、后腰或胸前，不应位于腋下、腰侧或腹部。

2）围杆作业安全带、区域限制安全带、坠落悬挂安全带当分别满足基本技术性能时

18

可组合使用，各部件应有明显标志；如共用同一具系带应满足坠落悬挂安全带要求。

3）坠落悬挂安全带应带有一个足以装下连接器及安全绳的口袋。

（2）金属零件应浸塑或电镀以防锈蚀，并能通过盐雾试验。

1）调节扣可使用滚花的零部件。

2）连接器的活门应有保险功能，应在两个明确的动作下才能打开。

3）在爆炸危险场所使用的安全带，应对其金属件进行防爆处理。

（3）织带和绳的端头在缝纫或编花前应经燎烫处理，不应留有散丝。

1）主带扎紧扣应可靠，不能意外开启。

2）主带应是整根无接头，宽度不应小于 40mm；辅带宽度不应小于 20mm。

3）安全绳（包括未展开的缓冲器）有效长度不应大于 2m；有两根安全绳（包括未展开的缓冲器）的安全带，其单根有效长度不应大于 1.2m。

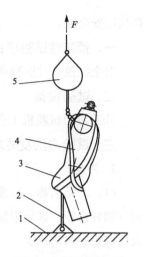

图 2-8　含速差自控器的坠落悬挂安全带整体静负荷试验示意图

1—测试台架；2—连接点；
3—模拟人；4—安全带；
5—速差自控器

4）安全绳编花部分可加护套，使用的材料不应同绳的材料发生化学反应，应尽可能透明。

5）护腰带不应小于腰带的硬挺度，宽度不应小于 80mm，长度不应小于 600mm。

6）织带和绳形成的环眼内应有塑料或金属支架。

7）每个可拍（飘）动的带头应有相应的带箍。

2. 基本技术性能

（1）围杆作业安全带整体静拉力不应小于 4.5kN。

（2）区域限制安全带整体静拉力不应小于 2kN。

（3）坠落悬挂安全带整体静拉力不应小于 15kN，进行整体动态负荷测试时冲击作用力峰值不应大于 6kN，伸展长度或坠落距离符合要求，无破损、无压迫和无滑移。

（4）零部件进行静态负荷测试时不应产生织带撕裂、环类零件开口、绳断股、连接器打开、带扣松脱、缝线迸裂、运动机构卡死等。

3. 特殊技术性能

安全带应通过耐酸、碱及油等抗腐蚀性能测试。织带、绳套进行阻燃性能测试，续燃时间不大于 5s。

第七节　安　全　绳

安全绳是连接安全带系带与挂点的绳（带等），分为围杆作业用、区域限制用和坠落悬挂用安全绳。

一、预防性试验项目和周期

安全绳预防性试验项目为静负荷试验，试验周期为 12 个月。

二、试验设备

5kN 拉力试验机 1 台或砝码若干。

三、试验方法及要求

1. 外观

（1）产品名称、标准号、制造厂名及厂址、生产日期及有效期、总长度、产品作业类别（围杆作业、区域限制或坠落悬挂）、产品合格标志、法律法规要求标注的其他内容等永久标识完整清晰。

（2）安全绳应光滑、干燥，无霉变、断股、磨损、灼伤、缺口等缺陷。所有部件应顺滑，无尖角或锋利边缘。如有护套，应完整、无破损。

（3）织带式安全绳的织带应加锁边线，末端无散丝；纤维绳式安全绳绳头无散丝。

2. 静负荷试验

将安全绳安装在试验机上，加载速度不应超过 100mm/min，加载至 2205N 后保持 5min。卸载后，安全绳、末端环眼和调节装置等应无撕裂和破断。

四、安全绳相关要求

GB 24543—2009《坠落防护安全绳》对安全绳的技术要求进行了规定。

（1）一般要求。安全绳绳体在构造和使用中不应打结，接近焊接、切割、热源等场所时应进行保护。

1）织带式安全绳织带应采用高韧性、高强度纤维丝线等材料，应加锁边线。缝纫部分应加尽可能透明的护套，连接金属件时应在末端环眼内部缝合一层加强材料或加护套。

2）纤维绳式安全绳若为多股绳，则股数不应少于 3 股。绳头编花前应经燎烫处理，编花后不能进行燎烫处理，编花部分应加保护套。绳末端连接金属件时，环眼内应加支架。

（2）调节扣滑移性能。可调安全绳经调节扣滑移测试后，调节扣的滑移不应大于 25mm。

（3）静态力学性能。织带和纤维绳式安全绳进行静态力学性能测试，围杆作业和区域限制用安全绳为 15kN，坠落悬挂用安全绳为 22kN，应无撕裂和破断。

（4）动态力学性能。坠落悬挂用可调安全绳进行动态力学性能测试，应无撕裂和破断。

（5）耐腐蚀性能。安全绳进行盐雾测试，所有金属件上应无铁锈或其他腐蚀痕迹，允许有白斑。

第八节 连 接 器

连接器是可以将两种或以上元件连接在一起的具有常闭活门的环状零件。

一、预防性试验项目和周期

连接器预防性试验项目为静负荷试验，试验周期为 12 个月。

二、试验设备

5kN 拉力试验机 1 台。

三、试验方法及要求

1. 外观

（1）产品名称、类型、制造商标识、工作受力方向强度（用 kN 表示）等永久标识完整清晰。

（2）表面光滑，无裂纹、褶皱、毛刺，无永久性变形和活门失效等现象。

（3）应操作灵活，扣体钩舌和闸门的咬口应完整，两者不得偏斜，应有保险装置，经过两个及以上的动作才能打开。

（4）活门应向连接器锁体内打开，同预定打开水平面倾斜不得超过 20°。

2. 静负荷试验

连接器静负荷试验示意图见图 2-9，将连接器按工作受力方向安装于拉力试验机的加载轴（直径为 12mm±0.1mm）上，连接器在两轴之间尽可能平稳，无滑动，如果无法克服滑动导致偏移无法完成试验，可加必要的辅助支座。拉伸速度 20～50mm/min；当拉伸负荷到达 2205N 时保持 5min。

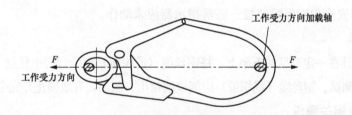

图 2-9 连接器静负荷试验示意图

连接器应保持闭合，卸载后连接器活门应开闭灵活，应无肉眼可见的变形和损坏。

四、连接器相关要求

GB/T 23469—2009《坠落防护 连接器》对连接器技术要求进行了规定。

（1）一般要求。连接器表面应光滑、无裂纹、褶皱。

1）边缘不应有钩及锋利边缘。

2）接触皮肤的材料不应导致皮肤过敏、刺激等不良影响。

（2）技术性能。连接器进行工作静负荷测试，应保持闭合。

1）进行活门性能测试，活门应可以正常闭合。

2）进行活门静负荷正向测试，有保险功能的活门应能正常锁闭，间隙不大于 1mm；侧向测试，活门应无裂纹，测试后能正常使用。

3）进行盐雾试验后，应无红色锈迹、镀层脱落或明显锈蚀，允许有白斑。

第九节　速 差 自 控 器

速差自控器（简称速差器）是一种安装在挂点上、装有可收缩长度的绳（带、钢丝绳）、串联在安全带系带和挂点之间、在坠落发生时因速度变化引发制动作用的装置。

一、预防性试验项目和周期

速差器预防性试验项目为空载试验，试验周期为 12 个月。

二、试验设备

对地高度不低于 2.5m 的支架一个。

三、试验方法及要求

1. 外观

（1）产品名称、标准号、制造厂名、生产日期及有效期、法律法规要求标注的其他内容等永久标识完整清晰。

（2）各部件完整无缺失、无伤残破损，外观应平滑，无毛刺和锋利边缘等缺陷。

（3）钢丝绳速差器的钢丝应均匀绞合紧密，不得有叠痕、凸起、折断、压伤、锈蚀及错乱交叉的钢丝；织带速差器的织带表面、边缘、软环应无擦破、切口或灼烧等损伤，缝合部位无崩裂现象。

（4）速差器安全识别保险装置—坠落指示器应未动作。

2. 空载试验

将速差器悬挂在一定高度的支架上，将钢丝绳（或织带）在全行程中任选 5 处进行快速拉出、制动及回收测试。钢丝绳（或织带）应能快速拉出、制动，有效锁止并完全回收。

四、速差器相关要求

GB 24544—2009《坠落防护　速差自控器》对速差器技术要求进行了规定。

1. 一般要求

外观应平滑，无毛刺和锋利边缘。

（1）应带有可防止在下落过程中，安全绳被过快抽出的自动锁紧装置；顶端应有合适的装置同挂点连接；挂点或安全绳末端连接器应有可旋转装置；应有安全绳回收装置，确保安全绳独立和自动回收。

（2）安全绳应符合 GB 24543—2009《坠落防护　安全绳》的规定，当使用钢丝绳作为安全绳时直径不应小于 5mm，安全绳末端应有环眼。

（3）速差器内部的缓冲装置不应影响速差器正常锁止功能，不应对安全绳产生不正常的磨损。

（4）整体救援装置分为单向升高和可升降两种；带有整体救援装置的速差器应有控制装置，可控制受困人员的升降；救援装置应有保险功能，避免无意操作；启动救援装置的时间不应超过 20s。

2. 基本技术性能

（1）织带和纤维绳索速差器静态性能测试力为 15kN，钢丝绳速差器为 12kN，保持 5min，应无破裂和断裂，连接器不允许打开，运动机构不应卡死等。

（2）动态性能测试，应能自锁且冲击作用力不大于 6.0kN，坠落距离不大于 2.0m，应无破裂和断裂，连接器不允许打开，运动机构不应卡死等；如带有坠落指示器，应能正常工作。

（3）速差器安全绳全部拉出状态下的动态性能测试，应能自锁且冲击作用力不大于 6.0kN，应无破裂和断裂，连接器不允许打开，运动机构不应卡死等；如带有坠落指示器，应能正常工作。

（4）带有整体救援装置的速差器进行提升和下降性能测试，救援装置应无脱落和损坏，滑移距离不大于 50mm。

（5）进行收缩性能测试，经 25 次操作，每次应能自如收回全部安全绳。

（6）进行盐雾试验，金属材料不应有红锈等，允许有白斑。

（7）进行自锁可靠性测试，经 1000 次操作，均能正常自锁，无部件损坏和失效等。

3. 特殊技术性能

分别进行高低温、浸水、粉尘、油污处理后，按锁止性能测试锁止后应无滑移。

第十节　导轨自锁器

导轨自锁器（简称自锁器）是附着在刚性或柔性导轨上、可随使用者的移动沿导轨滑动、因坠落动作引发制动的装置。

一、预防性试验项目和周期

自锁器预防性试验项目为空载试验和静负荷试验，试验周期为 12 个月。

二、试验设备

拉力试验机一台，2m 长轨道一个。

三、试验方法及要求

1. 外观

（1）产品名称及型号规格、生产单位、生产日期及有效期限、标准号、正确使用方向的标志、最大允许连接绳长度、合格标志等永久标识完整清晰。

（2）各部件完整无缺失，本体及配件应无凹凸痕迹。金属部件应无裂纹、变形及锈蚀等缺陷，所有铆接面应平整、无毛刺，金属表面镀层应均匀、光亮，不允许有起皮、变色等缺陷。

（3）导向轮应转动灵活，无卡阻、破损等缺陷；整体不应采用铸造工艺制造。

2. 空载试验

将自锁器按要求垂直安装在导轨上；手提自锁器连续 5 次在导轨上下拖动、下滑进行试验，应能在导轨上轻松拖动，在不拖动的情况下，应能在任何位置固定而不下滑。

　　3. 静负荷试验

　　将自锁器安装在导轨上，带柔性带钢性导轨自锁器静负荷试验示意图分别见图 2-10、图 2-11。在连接绳末端沿垂直方向以不大于 150mm/min 的速率施加力值至 2205N 并保持 5min。

　　试验中，不应出现自锁器金属件碎裂等现象；卸载后，自锁器应能正常解锁，顺畅滑动，并能正常锁止。

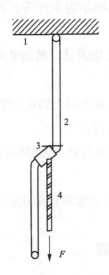

图 2-10　带柔性导轨自锁器静
负荷试验示意图
1—固定结构；2—柔性导轨；
3—自锁器；4—连接绳

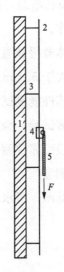

图 2-11　带刚性导轨自锁器的
静负荷试验示意图
1—固定结构；2—刚性导轨；
3—固定支架；4—自锁器；5—连接绳

四、导轨自锁器相关要求

GB 24542—2009《坠落防护　带刚性导轨的自锁器》、GB 24537—2009《坠落防护　带柔性导轨的自锁器》对自锁器技术要求进行了规定。

　　1. 一般要求

　　各部件应表面光滑，无毛刺和锋利边缘。

　　（1）导轨应按一定间隔用金属支架等装置固定于梯子、杆塔或其他结构；应进行防腐处理；应保证自锁器可以上下顺畅运动，防止意外脱落。

　　（2）应能保证自锁器至少可在导轨的一端安装或拆下。

　　（3）当自锁器使用打开点或打开装置时，导轨两端应安装挡板或类似装置防止自锁器意外脱落；打开点或打开装置应经过两个动作才能打开；安装自锁器时，应能自动锁闭，保证自锁器不会意外脱离导轨。

（4）自锁器应具有自动锁止功能；在倾斜导轨上应能正常工作；无论柔性导轨绷紧或松弛，柔性导轨自锁器应能正常工作；如带有手动锁止功能，则此功能不应影响自动锁止功能的正常工作。

（5）如自锁器位于导轨的某一端或某一点时，或自锁器安装方向错误时，可能会出现锁止功能削弱或失效的情况，应将此种危险明确地标示出来，警示使用者。

（6）与刚性导轨连接的连接绳长度不应超过 50cm；与钢丝绳等柔性导轨连接的连接绳长度不应超过 30cm，与织带、纤维绳等柔性导轨连接的连接绳长度不应超过 1m。

2. 整体静态负荷性能

进行整体静态负荷性能测试，不应出现破损、变形等现象，卸载后，自锁器应能正常解锁，顺畅滑动，并能正常锁止。

3. 整体动态负荷性能

进行整体动态负荷性能测试，不应出现破损、变形等现象，卸载后功能正常。模拟人所受最大冲击力不应超过 6kN。自锁器下滑距离不应超过 0.2m；当导轨为织带或纤维绳时，自锁器下滑距离不应超过 1.0m。模拟人坠落距离不应超过 1.2m；当导轨为织带或纤维绳时，坠落距离不应超过 2.0m。

4. 导轨静态负荷性能

进行导轨静态负荷性能测试，导轨与固定结构之间的连接件不应出现滑移、松脱、金属件撕裂以及导轨严重变形等现象，卸载后，自锁器应能在导轨上正常工作。

5. 耐腐蚀性能

自锁器进行盐雾测试，金属部件不应出现红锈等，允许出现白斑。

6. 可靠性

自锁器进行可靠性测试，应正常锁止。

7. 特殊环境下的锁止性能

自锁器经过高低温、浸水、浸油、粉尘和冰雪等环境处理后，进行自锁测试，应能正常锁止，解锁后可在导轨上顺畅滑动，正常工作。

第十一节　缓　冲　器

缓冲器是串联在安全带系带和挂点之间、发生坠落时吸收部分冲击能量及降低冲击力的装置。

一、预防性试验项目和周期

缓冲器预防性试验项目为静负荷试验，试验周期为 12 个月。

二、试验设备

5kN 拉力试验机 1 台。

三、试验方法及要求

1. 外观

（1）产品名称、产品类型（Ⅰ型、Ⅱ型）、最大展开长度、制造厂名、生产日期及有效期、标准号及产品合格标志等永久标识完整清晰。

（2）所有部件应平滑，无尖角或锋利边缘。

（3）织带型缓冲器的保护套应完整，无破损、开裂等现象。

2. 静负荷试验

将缓冲器安装在拉力试验机上，以不大于 100mm/min 的速率施加力值：Ⅰ型 1200N、Ⅱ型 2205N 并保持 5min。卸载后，保护套、内部缝合部位应不开裂。

四、缓冲器相关要求

GB/T 24538—2009《坠落防护　缓冲器》对缓冲器的技术要求进行了规定。

1. 一般要求

所有零部件应平滑，无尖角或锋利边缘。

（1）缓冲器应加保护套，端部环眼内应加保护垫层（套）或支架。

（2）接近焊接、切割、热源等场所时，应进行隔热保护。

2. 基本技术性能

（1）静态力学性能。进行初始变形测试，变形不应大于 40mm；进行静态负荷测试，应无破断。

（2）进行动态力学性能测试，Ⅰ型缓冲器制动力不应大于 4kN，永久变形不应大于 1.2m；Ⅱ型缓冲器制动力不应大于 6kN，永久变形不应大于 1.75m。

（3）金属件应通过盐雾测试。

3. 特殊环境技术性能

进行高低温、潮湿等测试，动态力学性能应满足表 2-2 的规定。

表 2-2　　　　　　　　　　　特殊环境技术性能要求

特殊环境	Ⅰ型		Ⅱ型	
	制动力（kN）	永久变形（m）	制动力（kN）	永久变形（m）
高温	≤4	≤1.2	≤6	≤1.75
潮湿	≤5			
低温	≤5			

第十二节　安　全　网

安全网是防止人、物坠落或用来避免、减轻坠落及物击伤害的网具，由网体、边绳及系绳等组成，可分为平网、立网和密目式安全立网。

一、试验项目和周期

安全网在使用时进行外观及尺寸检查，必要时抽样进行冲击性能或贯穿试验。

二、试验设备

（1）10m 卷尺，分辨力不低于 1mm。

（2）测试重物：直径 500mm±10mm、质量 100kg±1kg 的钢球 1 个；或底面直径 550mm±10mm、高度不超过 900mm、质量 120kg±1kg 的圆柱形沙包 1 个。

（3）高度不低于 16m 的提升试验架 1 座。

（4）长 6m、宽 3m、距地面高度 3m，采用直径不小于 50mm、壁厚不小于 3mm 的钢管牢固焊接而成的刚性框架 1 套。

（5）5kN 释放器 1 个。

三、试验方法及要求

1. 外观及尺寸检查

（1）产品名称及分类标记、标准号、制造商名称、生产日期、产品合格证等永久性标识完整清晰。

（2）网绳、边绳、系绳、筋绳无灼伤、断纱、破洞、变形及有碍使用的编织缺陷；所有节点应固定。

（3）平网和立网的网目边长不大于 0.08m，系绳与网体连接牢固，沿网边均匀分布，相邻两系绳间距不大于 0.75m，系绳长度不小于 0.8m；平网相邻两筋绳间距不大于 0.3m。

（4）密目式安全立网的网眼孔径不大于 12mm；开眼环扣牢固可靠，孔径不小于 8mm。

2. 冲击性能试验

储存期超过两年者，按 0.2% 抽样；不足 1000 张时抽样 2 张进行冲击试验。

按图 2-12 将网固定在试验框架上，提升测试重物至规定的冲击试验高度 H（见表 2-3），使其位于网中心点（冲击点）正上方。释放测试重物使其自由落下，对网进行冲击，试验结果符合表 2-3 规定为合格。

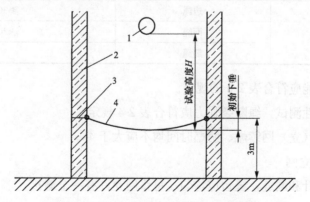

图 2-12　安全网耐冲击性能测试示意图

1—试验球；2—试验架；3—安装平面；4—试验网

表 2-3   安全网冲击性能

安全网类别	平网	立网	密目式安全立网
冲击试验高度 H（m）	7	2	1.8（A级），1.2（B级）
试验结果	网绳、边绳、系绳不断裂，测试重物不应接触地面		边绳不应破断，网体撕裂形成的孔洞不应大于 200mm×50mm

3. 密目式安全立网贯穿试验

抽样方法见冲击性能试验要求，贯穿试验方法见 GB 5725—2009《安全网》。网体应未发生贯穿或明显损伤。

四、安全网相关要求

GB 5725—2009 对安全网技术要求进行了规定。

1. 安全平（立）网

可采用锦纶、维纶、涤纶或其他材料制成。

（1）单张网质量不宜超过 15kg。

（2）网绳、边绳、系绳、筋绳均应由不小于 3 股单绳制成，绳头部分应经过编花、燎烫等处理，不应散开；所有节点应固定。

（3）网目形状应为菱形或方形。

（4）平网宽度不应小于 3m，立网宽（高）度不应小于 1.2m；尺寸允许偏差为±4%。

（5）绳断裂强力应符合表 2-4 的规定。

表 2-4   平（立）网绳断裂强力要求

网类别	绳类别	绳断裂强力要求（N）
安全平网	边绳	≥7000
	网绳	≥3000
	筋绳	≤3000
安全立网	边绳	≥3000
	网绳	≥2000
	筋绳	≤3000

（6）耐冲击性能应符合表 2-3 的规定。

（7）进行耐候性测试，绳断裂强力应符合表 2-4 规定。

（8）阻燃型平（立）网续燃、阴燃时间均不应大于 4s。

2. 密目式安全立网

缝线不应有跳针和漏缝，缝边应均匀；每张网允许有一个缝接。

（1）网体上不应有断纱、破洞、变形及有碍使用的编织缺陷；宽度应介于 1.2~2m；允许偏差为±5%。

（2）长、宽方向的断裂强力（kN）×断裂伸长（mm）：A级不应小于65kN·mm，B级不应小于50kN·mm。

1）接缝部位抗拉强力不应小于断裂强力，系绳断裂强度不应小于2000N。

2）长、宽方向的梯形法撕裂强力不应小于对应方向断裂强力的5%。

3）耐贯穿性能测试，不应被贯穿或出现明显损伤。

4）耐冲击性能测试，边绳不应破断且网体撕裂形成的孔洞不应大于200mm×50mm。

5）盐雾测试，金属零件应无红锈及明显腐蚀。

6）阻燃性能测试，纵、横方向的续燃及阴燃时间不应大于4s。

第十三节　防 护 服 装

防护服装包括防电弧服、耐酸服、SF_6防护服。

防电弧服是一种用绝缘和防护隔层制成的保护穿着者身体的防护服装，用于减轻或避免电弧发生时散发出的大量热能辐射和飞溅融化物的伤害。

耐酸服是用于从事接触和配制酸类物质作业人员穿戴的具有防酸性能的防护服，用耐酸织物或橡胶、塑料等防酸面料制成，根据材料性质不同分为透气型和不透气型耐酸服两类。耐酸手套是预防酸碱伤害手部的防护手套。耐酸靴是采用防水革、塑料、橡胶等为材料，配以耐酸鞋底经模压、硫化或注压成型，适合酸溶液溅泼在足部时保护足部不受伤害的防护鞋。

SF_6防护服是为保护从事SF_6电气设备安装、调试、运行维护、试验、检修人员在现场工作的人身安全，避免作业人员遭受氢氟酸、二氧化硫、低氟化物等有毒有害物质的伤害。SF_6防护服包括连体防护服、专用防毒面具、专用滤毒缸、工作手套和工作鞋等。

每次使用前应进行检查。

（1）产品名称、制造厂家及生产日期等标识清晰完整。

（2）防电弧服应完好、无破损。手套与防电弧服袖口覆盖部分应不少于100mm；鞋罩应能覆盖足部。

（3）耐酸服装应完好，无喷霜、发脆、发黏和破损等。耐酸手套应具有气密性，无漏气现象发生。

（4）SF_6防护服内、外表面应完好无损，不存在孔洞、裂缝等缺陷。气密性应良好；防毒面具的呼、吸气活门片应能自由活动。

第十四节　测 试 仪

测试仪包括SF_6气体检漏仪、含氧量测试仪及有害气体检测仪。

SF$_6$气体检漏仪是用于绝缘电气设备现场维护时测量 SF$_6$ 气体含量的专用仪器。

含氧量测试仪及有害气体检测仪是检测作业现场（如坑口、隧道等）氧气及有害气体含量、防止发生中毒事故的仪器。

一、检查要求

每次使用前应进行检查。

（1）产品名称、型号、制造厂名称、出厂时间、编号等标识应清晰完整。

（2）外观良好，附件齐全，连接可靠。

（3）开机后自检功能正常。通电检查时，各旋钮应能正常调节；可动部件应能正常动作；显示部分应有相应指示；真空系统应能正常工作。

二、SF$_6$气体检漏仪相关技术要求

DL/T 846.6—2018《高电压测试设备通用技术条件　第 6 部分：六氟化硫气体检漏仪》对 SF$_6$ 气体检漏仪技术要求进行了规定。

（1）环境使用要求：温度−10～40℃；湿度不大于 90％RH；风速不大于 5m/s；工频供电电源 220V±22V、50Hz±1Hz。

（2）电源输入端对机壳及地的绝缘电阻大于 20MΩ，应能承受 2kV、1min 工频耐压，无击穿和飞弧现象。

（3）最小检测限（泄漏量）不大于 1μL/s，最小检测限（浓度）不大于 1μL/L。

（4）允许误差不超过±3μL/L 或±10％。

（5）响应时间不大于 10s。

（6）零点漂移不超过满量程的±3％；量程漂移不超过满量程的±10％。

（7）平均无故障时间不应小于 1000h。

第十五节　绝　缘　杆

绝缘杆是由绝缘材料制成、用于短时间对带电设备进行操作或测量的杆类绝缘工具，包括绝缘操作杆、测高杆、绝缘支拉吊线杆等。

一、预防性试验项目和周期

依据 DL/T 1476—2015《电力安全工器具预防性试验规程》，预防性试验项目为交直流耐压试验；依据 DL/T 976—2017《带电作业工具、装置和设备预防性试验规程》，预防性试验项目为尺寸检查、电气试验（交直流耐压和操作冲击耐压试验）和机械试验（抗弯静负荷和抗弯动负荷试验）；试验周期为 12 个月。

二、试验设备

（1）10m 卷尺 1 把，分辨力不低于 1mm。

（2）交直流耐压试验仪 1 套。

（3）操作冲击耐压试验仪 1 套。

（4）绝缘试验支架 1 套。

（5）机械试验装置 1 套。

三、试验方法及要求

1. 外观及尺寸

（1）产品名称、型号规格、制造厂名、制造日期、电压等级及带电作业用（双三角）符号等标识清晰完整。

（2）应无破损，绝缘部分表面应光滑，无气泡、皱纹、裂纹、绝缘层脱落、严重的机械或电灼伤痕。

（3）接头连接应紧密牢固，无松动、锈蚀和断裂等现象；手持部分护套与杆连接紧密，不产生相对滑动或转动。

（4）绝缘操作杆尺寸应符合表 2-5 的规定。

表 2-5　　　　　　　　　　　　　　　　绝缘操作杆尺寸

额定电压（kV）	最小有效绝缘长度（m）	端部金属接头长度（m）	手持部分长度（m）
10	0.70	≤0.10	≥0.60
20	0.80	≤0.10	≥0.60
35	0.90	≤0.10	≥0.60
66	1.00	≤0.10	≥0.60
110	1.30	≤0.10	≥0.70
220	2.10	≤0.10	≥0.90
330	3.10	≤0.10	≥1.00
500	4.00	≤0.10	≥1.00
750	5.30	≤0.10	≥1.00
1000	6.80	≤0.20	≥1.00
±500	3.70	≤0.10	≥1.00
±660	5.30	≤0.10	≥1.00
±800	6.80	≤0.20	≥1.00

2. 交直流耐压试验（DL/T 1476—2015）

表面受潮或脏污者应先进行干燥或去污处理。

（1）试品可采用垂直悬挂方式或水平绝缘支撑方式。接地极对地距离应≥1m。对多个试品同时进行试验时，试品间距离 $d \geqslant 500mm$。垂直悬挂方式时，用直径 $\phi \geqslant 30mm$ 的单导线作模拟导线，两端应设直径 $D = 200 \sim 300mm$ 均压球（或环），均压球距试品≥1.5m，见图 2-13。

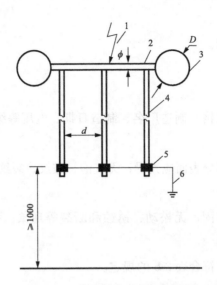

图 2-13　绝缘杆耐压试验接线图

1—高压引线；2—模拟导线；3—均压球；4—试品；5—接地极；6—接地引线

（2）试验电极布置于试品绝缘部分的最上端，也可用试品顶端的金具作高压电极。高压电极和接地极间距离（试验长度）应满足表 2-6 规定，如在两电极间有金属部件时，电极间距离应再加上金属部件长度。电极以宽 50mm 金属箔或金属丝包绕。

表 2-6　　　　　　　　　　　　绝缘杆耐压试验要求

额定电压（kV）	试验长度（m）	工频耐压（kV）	
		1min	3min
10	0.7	45	—
35（20）	0.9	95	—
66	1.0	175	—
110	1.3	220	—
220	2.1	440	—
330	3.2	—	380
500	4.1	—	580
750	4.7	—	780
1000	6.3	—	1150
±400	4.2	—	740*
±500	3.2	—	680*
±660	4.3	—	745*
±800	6.6	—	895*

注　表中数据为海拔 $h<500m$ 的试验长度和电压，仅±400kV 为 $2800m<h\leqslant4500m$ 的数据。

*　直流耐压试验加压值。

（3）升高电压达到 0.75 倍试验电压值起，以每秒 2% 试验电压的升压速率至表 2-6 规定值，保持相应时间，然后迅速降压，但不能突然切断，试验中各绝缘杆应不发生闪络或击穿，试验后绝缘杆应无发热和灼伤痕迹。若试验变压器电压等级达不到试验要求，可分段进行试验，最多可分成 4 段，分段试验电压应为整体试验电压除以分段数再乘以 1.2 倍的系数。

（4）低压绝缘杆参照 DL/T 477—2010《农村电网低压电气安全工作规程》0.5kV 验电笔 1min 交流耐压为 4kV，试验电压加于绝缘手柄两端。依据 DL/T 877—2004《带电作业工具、装置和设备使用的一般要求》中 6.2：用于低压的带电作业工具，一般不需做定期电气试验来鉴定其绝缘性能（除非有特殊要求），这是因为在设计上其绝缘水平已有足够裕度，而目视检查已足以看出其性能如何。

3. 交直流耐压和操作冲击耐压试验（DL/T 976—2017）

交直流耐压和操作冲击耐压试验绝缘杆电气性能见表 2-7，交直流耐压和操作冲击耐压试验（施加 15 次波形为 250/2500μs 正极性冲击电压）以无击穿、无闪络、无过热为合格。

表 2-7　　　　　　　　　　　　　　绝缘杆电气性能

额定电压（kV）	试验电极间距离（m）	1min/3min 交流耐压（kV）	3min 直流耐压（kV）	操作冲击耐压（kV）
10	0.40	45/—	—	—
20	0.50	80/—	—	—
35	0.60	95/—	—	—
66	0.70	175/—	—	—
110	1.00	220/—	—	—
220	1.80	440/—	—	—
330	2.80	—/380	—	800
500	3.75	—/580	—	1050
750	4.70	—/780	—	1300
1000	6.30	—/1150	—	1695
±500	3.20	—	565	970
±660	4.80	—	745	1345
±800	6.60	—	895	1530

4. 抗弯静负荷和抗弯动负荷试验（DL/T 976—2017）

布置见图 2-14，将绝缘杆放在机械试验装置（两支架间距离 L 见表 2-8）两端的滑轮上，在杆跨距中央放置宽 50mm 织带，在织带上以 200N/s±5N/s 的速度施加一垂直荷载 F 直至表 2-9 规定值，持续 1min，绝缘杆应无永久变形、无损伤。动负荷试验操作 3 次，要求机构动作灵活、无卡住现象。

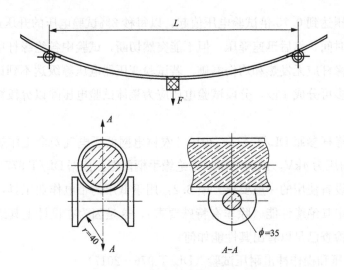

图 2-14　绝缘杆弯曲试验布置图

表 2-8	两 支 架 间 距 离					
管直径（mm）	—	18～22	—	24～30	32～36	40～70
棒直径（mm）	10～16	—	24	—	30	—
两支架间距离 L（mm）	500	700	1000	1100	1500	2000

表 2-9	绝 缘 杆 机 械 性 能	
试品	抗弯静负荷（N·m）	抗弯动负荷（N·m）
标称外径 28mm 及以下	108	90
标称外径 28mm 以上	132	110

四、绝缘杆相关要求

GB 13398—2008《带电作业用空心绝缘管、泡沫填充绝缘管和实心绝缘棒》对绝缘杆技术要求进行了规定。

1. 材料

绝缘管、棒材应由无机或人造纤维加强等合成材料制成，密度不应小于 $1.75 \mathrm{g/cm^3}$，吸水率不大于 0.15%，50Hz 介质损耗角正切不大于 0.01，应满足渗透试验的要求。

2. 标称尺寸

尺寸应符合表 2-10、表 2-11 规定的要求。

表 2-10	实心棒标称外径及偏差
标称外径（mm）	允许偏差（mm）
10，16，24，30	±0.4

表 2-11　　　　　　　　　　　　　空心/填充管标称尺寸及偏差

标称外径（mm）	外径允许偏差（mm）	最小壁厚（mm）	壁厚允许偏差（mm）	
			壁厚<5mm	壁厚>5mm
18，20，22，24，26，28，30	±0.4	1.5	±0.2	—
32，36，40，44	±0.5	2.5	±0.3	±0.4
50，60，70	±0.8			

3. 电气性能

干和受潮后（1200mm 长 1h 淋雨）工频耐压试验及泄漏电流应符合表 2-12 规定，应无滑闪、火花或击穿，表面无可见漏电腐蚀痕迹，无发热。

表 2-12　　　　　　　　　　工频耐压试验及泄漏电流允许值

标称外径（mm）		电极间距离（mm）	1min 工频耐压试验（kV）（r.m.s）	泄漏电流（μA）	
				干试验 I_1	受潮后试验 I_2
				≯	
实心棒	30 以下	300	100	10	30
	30			15	35
管材	30 及以下			10	30
	32～70			15	40

4. 机械性能

应具有一定的抗弯、抗扭、径向挤压、轴向压力和机械老化性能（经过 4000 次弯曲循环后，应无损伤和永久变形，并满足电气性能要求。

第十六节　电容型验电器

电容型验电器是通过检测流过验电器对地杂散电容中的电流来指示电压是否存在的装置。

一、预防性试验项目和周期

依据 DL/T 1476—2015 预防性试验项目为启动电压和工频耐压试验，依据 DL/T 976—2017 预防性试验项目为自检试验、启动电压试验、交流耐压及操作冲击耐压试验。试验周期均为 12 个月。

二、试验设备

（1）工频耐压试验仪及试验电极。

（2）操作冲击耐压试验仪。

三、试验方法及要求

1. 外观及尺寸

（1）产品名称、标称电压或标称电压范围、标称频率或标称频率范围、指示类型（户内型或户外型）、指示类别（S 或 L）、使用环境（C、N 或 W）、生产商、生产年份、带电作业专用标识——双三角形、标准等标识清晰完整。若为内置电源，应标示电源类型和极性。

（2）手柄、护手环、绝缘杆、限度标记（在绝缘杆上标注的向使用者指明应防止标志以下部分插入带电设备或接触带电体）、指示器和接触电极等部件应完好无损。

（3）绝缘杆应清洁、光滑，无气泡、皱纹、裂纹、划痕、绝缘层脱落、电灼伤痕等。伸缩型绝缘杆各节配合合理，能自锁，长度应符合表 2-13 规定。

（4）手柄与绝缘杆、绝缘杆与指示器的连接应牢固。

表 2-13 电容型验电器长度要求

额定电压 U_N（kV）	最小有效绝缘长度（mm）	最小手柄长度（mm）
10	700	115
20	800	115
35	900	115
66	1000	115
110	1300	115
220	2100	115
330	3100	115
500	4000	115
750	5000	115

2. 自检试验

按照操作程序和步骤对验电器进行自检回路检测，重复进行 3 次，每次均有视觉和（或）听觉信号，则试验通过。

3. 启动电压试验

试验布置见图 2-15，参数见表 2-14 和表 2-15。对于有标称电压范围的验电器，应按照最大标称电压进行布置。与周围墙壁和天花板间距不小于 3D。

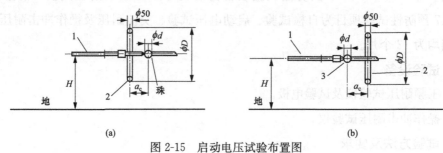

图 2-15 启动电压试验布置图

（a）球电极在环电极之后；（b）球电极在环电极之前

1—验电器；2—环电极；3—球电极

表 2-14 球电极在环电极之后试验布置参数

额定电压 U_N（kV）	电极间隔距离 a_c（mm）	离地高度 H（mm）	环直径 D（mm）	球直径 d（mm）
10	100			
20	270	1500	550	60
35	430			
66	650			
110				
220		2500	1050	100
330	850			
500				
750	1000	3500	1600	150

表 2-15 球电极在环电极之前试验布置参数

额定电压 U_N（kV）	电极间隔距离 a_c（mm）	离地高度 H（mm）	环直径 D（mm）	球直径 d（mm）
10				
20	300	1500	550	60
35				
66				
110				
220	1000	2500	1050	100
330				
500				
750		3500	1600	150

（1）启动电压测量见图 2-16。验电器接触电极与球电极相接触，指示器近似位于环电极中心线（水平轴）。升高电压，当指示器指示信号改变时，测量启动电压 U_t。如满足 $0.10U_{N.max} \leqslant U_t \leqslant 0.45U_{N.min}$，则试验通过。

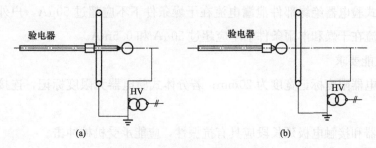

图 2-16　启动电压测量布置图

（a）S 类；（b）L 类

（2）低压验电器可依据 DL/T 477—2010 规定 0.5kV 验电笔的发光电压不高于额定电压 25％；参考 10kV 及以上验电器启动电压要求，低压验电器起动电压为 $0.10U_N \leqslant U_t \leqslant 0.25U_N$。

4. 绝缘杆交流耐压及操作冲击耐压试验

试验电压加在护手环和限度标记间，对分体组装式验电器可将指示器卸下。试验要求

37

同绝缘杆。

四、电容型验电器相关要求

DL/T 740—2014《电容型验电器》对验电器技术要求进行了规定。

1. 一般要求

验电器指示"有电压"或"无电压"可为声和（或）光形式或其他明显可辨的指示方式。

2. 功能要求

在正常光照和背景噪声条件下，达到启动电压后应能给出清晰易辨的指示。

（1）启动电压 U_t 应满足 $0.10U_{n,max} \leqslant U_t \leqslant 0.45U_{n,min}$。当直接接触带电体时，应可连续指示。

（2）按验电器使用的环境条件分为低温型（C）（-40~55℃、20%~96%RH）、常温型（N）（-25~55℃、20%~96%RH）和高温型（W）（-5~70℃、12%~96%RH）三类。

（3）在标称频率变化±3%范围内应能正常工作。

（4）响应时间应小于 1s。

（5）自检元件无论是内置还是外附，均应能检测指示器所有电路，包括电源和指示功能。

（6）在直流电压下应无响应。

（7）在交流运行电压作用下应能连续无故障指示 5min。

3. 电气性能要求

绝缘杆应保证绝缘性能。

（1）在正常操作时，如同时触及被测装置不同电位的部件或者触及带电部位和接地体，不应导致闪络和击穿。

（2）在正常验电时，不应由于电火花的作用致使显示器毁坏或停止工作。

（3）户内式验电器绝缘部件泄漏电流在干燥条件下不应超过 $50\mu A$，户外式验电器绝缘部件泄漏电流在干燥和淋雨条件下不应超过 $50\mu A$ 和 0.5mA。

4. 机械性能要求

整体式验电器限度标记宽度为 20mm；若分体式验电器无限度标记，连接件末端可作为限度标记。

（1）指示器和接触电极延长段应具有抗振性，应能承受机械冲击。

（2）在工作条件下应具有抗跌落性。

第十七节 接 地 线

接地线包括个人保安线和携带型短路接地线。个人保安线用于防止感应电压危害的个人用接地装置；携带型短路接地线用于防止突然来电、消除感应电压、放尽剩余电荷的临时接地装置。

一、预防性试验项目和周期

依据 DL/T 1476—2015 携带型短路接地线预防性试验项目包括成组直流电阻和接地操作杆交直流耐压试验，个人保安线预防性试验项目为成组直流电阻试验，试验周期不超过 60 个月。依据 DL/T 976—2017 接地和接地短路装置预防性试验项目为直流电阻、交直流耐压及操作冲击耐压试验，试验周期为 12 个月。

二、试验设备

（1）回路电阻测试仪 1 台，分辨力不大于 0.01mΩ。

（2）10m 钢卷尺 1 把，分辨力 1mm。

（3）温度计 1 只，分辨力 1℃。

（4）交直流耐压试验仪 1 套。

（5）操作冲击耐压试验仪 1 套。

三、试验方法及要求

1. 外观

（1）产品名称、型号、接地线横截面积（mm^2）、双三角形符号、生产厂家、生产年份等标记清晰明了。

（2）接地线绝缘护套应柔韧透明，无孔洞、撞伤、擦伤、裂缝、龟裂等现象；导线无裸露、松股、断股和发黑，中间无接头；汇流夹压接后应无裂纹，与接地线连接牢固。

（3）接地操作杆符合绝缘杆规定的表观要求。

（4）线夹完整、无损坏，与操作杆连接牢固，有防止松动、滑动和转动的措施；应操作方便，有自锁功能；与电力设备及接地体的接触面无毛刺。

（5）导线用线鼻压接，线鼻与线夹连接牢固，接触良好，无松动、腐蚀及灼伤痕迹。

2. 成组直流电阻试验

将试品放置在温度稳定的室内静置 24h；当室内外温差不超过 5℃时，静置时间可缩短为 4h。先测量各线鼻和接地极之间的长度，再用回路电阻测试仪测量各线鼻和接地极之间的直流电阻（见图 2-17），并换算至 20℃时的单位长度电阻值；该值符合表 2-16 者为合格。为减小接地线载流后的温升，每次加载时间不宜超过 10s。

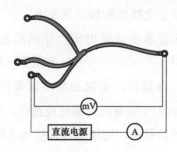

图 2-17 直流电阻试验接线图

表 2-16 接 地 线 试 验 要 求

项目	要　　求		
成组直流电阻试验	接地线 10、16、25、35、50、70、95、120mm² 各种截面，平均每 m 的电阻值应分别不大于 1.98、1.24、0.79、0.56、0.40、0.28、0.21、0.16mΩ		
接地操作杆耐压试验	额定电压（kV）	交直流耐压（kV）	
		1min	3min
	10	45	—
	20	70	—
	35	95	—
	66	175	—
	110	220	—
	220	440	—
	330	—	380
	500	—	580
	750	—	780
	1000	—	1150
	±400	—	740*
	±500	—	680*
	±660	—	745*
	±800	—	895*

* 直流耐压试验的加压值。

3. 接地操作杆交直流耐压和操作冲击耐压试验

试验方法及要求同绝缘杆。

四、接地线相关要求

DL/T 879—2004《带电作业用便携式接地和接地短路装置》对接地线技术要求进行了规定。

1. 电气特性参数

接地或接地短路装置应能承受短路电流，但不能承受比额定电流 I_N 大的电流和大于 $I_N^2 t_N$ 的累积焦耳数；I_N 为 I_{N3}，I_{N2}，I_{N1}，$I_{N0.5}$，$I_{N0.25}$ 或 $I_{N0.1}$（kA，有效值），对应额定时间 t_N 为 3s、2s、1s、0.5s、0.25s 或 0.1s。

2. 要求

接地装置应能适应电气设备安全接地和短路的要求。

（1）一般要求。接地装置应能承受故障电流产生的所有应力，按使用温度分为常温（N）（−25～+55℃）、高温（W）（−5～+70℃）和低温（C）（−40～+55℃）。

（2）接地及短路电缆应具有重量轻、柔韧和耐高温等性能。绝缘护层应具有防护机械、化学损伤的能力；应耐受 50V 交流电压；颜色应透明。用于直接接地系统的接地电缆应与相连的短路电缆具有相同的横截面，用于非直接接地系统的接地电缆的横截面可小于相应的短路电缆，但不能小于表 2-17 所示值。

表 2-17 接地电缆最小横截面

短路电缆（铜质）横截面（mm²）	16	25	35	50	70	95	≥120
接地电缆（铜质）最小横截面（mm²）	16	16	16	25	35	35	50

（3）电缆与金属端子等连接部位应有良好的抗疲劳性能，不允许采用焊接连接，应防止连接部位松动、滑动或转动，机械拉力不应对线夹或连接点造成破坏。

（4）接地和短路装置的导线与连接，应能承受短路时最大电流所产生的混合热应力与机械应力；绝缘部分性能应良好，确保装置各部分或这些部分与周围结构间的短时间的接触不会产生电弧。

（5）接地电缆不能靠近接地操作杆，接地操作杆及其附件应能承受弯曲或扭转应力。

第十八节 核 相 仪

核相仪是探测和指示在相同额定电压和频率下、两个已带电部位之间相位关系的便携式装置；有电容型核相仪（探测和指示电流通过杂散电容接地相位关系，分为无引线双杆核相仪和带存储系统单杆核相仪）和电阻型核相仪（探测和指示电流通过电阻元件相位关系，为带引线双杆核相仪）。

一、预防性试验项目和周期

（1）依据 DL/T 1476—2015 核相仪预防性试验项目和周期见表 2-18。

表 2-18 核相仪试验项目和要求

项目	周期	要求			
动作电压试验	1 年	最低动作电压应达 0.25 倍额定电压			
绝缘杆交流耐压试验	1 年	额定电压（kV）	试验长度（m）	工频耐压（kV）	持续时间（min）
		10	0.7	45	1
		35	0.9	95	1
连接导线绝缘强度试验	必要时	额定电压（kV）	工频耐压（kV）		持续时间（min）
		10	8		5
		35	28		5
电阻管泄漏电流试验	6 个月	额定电压（kV）	工频耐压（kV）	持续时间（min）	泄漏电流（mA）
		10	10	1	≤2
		35	35	1	≤2

（2）依据 DL/T 976—2017 核相仪预防性试验项目为交流耐压及操作冲击耐压、连接引线及地线绝缘强度、防止短接、明显指示、自检等试验，试验周期为 6 个月。

二、试验设备

（1）工频耐压试验仪 1 套（含交流泄漏表）。

（2）金属水槽及绝缘支架 1 套。

（3）操作冲击耐压试验仪 1 套。

三、试验方法及要求

1. 外观

（1）产品名称、型号及出厂编号、标称电压或标称电压范围、标称频率或标称频率范围、使用等级（A、B、C 或 D）、户内或户外型、适应气候类别（C、N 或 W）、生产厂名称、生产日期、带电作业双三角标志、警示标记等标志应清晰完整。当核相仪带有内部电源时，供电方式应在显示器上显示，或在电源箱外壳上标示清楚。

（2）手柄、护手环、绝缘元件、电阻元件、指示器、限位标记和接触电极、连接引线及地线、转接器等部件应完好无损伤，导线无扭结现象。

（3）各部件连接应牢固可靠，指示器应密封完好。

2. 动作电压试验

将核相仪的一接触电极接地，另一接触电极与高压电极相接触，逐渐升高交流电压，测量动作电压，如符合表 2-18 要求，则试验通过。

3. 绝缘杆交流耐压及操作冲击耐压试验

试验电压加在核相仪绝缘杆的有效绝缘部分，试验方法及要求同绝缘杆。

4. 连接导线绝缘强度试验

试验电路见图 2-18，将导线安装成环形，浸泡于电阻率不大于 100Ω·m 的水中，两端应有 350mm 长度露出水面。在连接导线与金属水槽之间以 1000V/s 的速度加压，到达表 2-18 规定电压后保持 5min，如无击穿，则试验合格。

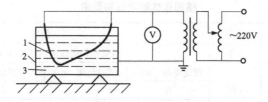

图 2-18　连接导线绝缘强度试验电路
1—连接导线；2—金属水槽；3—水

5. 电阻管泄漏电流试验

依次对两绝缘杆分别进行试验，将待试核相仪绝缘杆的接触电极接至交流电压的一极上，其连接导线端口与交流电压接地极相连接，施加表 2-18 规定的电压，如泄漏电流小于 2mA，则试验通过。

6. 防止短接/明显指示试验

防止短接/明显指示试验方法及要求应符合 DL/T 971—2017《带电作业用便携式核相仪》规定。

7. 自检试验

按照操作程序和步骤对核相仪进行自检回路检测，重复进行 3 次自检，每次自检均有视觉和（或）听觉信号，则试验通过。

四、核相仪相关要求

DL/T 971—2017 对核相仪技术要求进行了规定。

1. 一般要求

指示器应随测量位置的变化清晰指示"不正确相位关系"或"正确相位关系"状态，并由附加装置发声指示。

2. 功能

应清晰指示不正确相位关系。

（1）所指示不正确相位关系角误差不应超过±10°。根据指示相位角分辨率分为 4 级：

1）A 级：相位角 30°～330°之间的不正确相位关系的指示；

2）B 级：相位角 60°～300°之间的不正确相位关系的指示；

3）C 级：相位角 110°～250°之间的不正确相位关系的指示；

4）D 级：如以上等级均不适用，由生产厂与用户协商相位角误差值。

（2）在正常的操作位置、光照和背景噪声下，核相仪在相位显示时应给出清晰易辨的指示。

（3）根据使用场所可分为户内型和户外型；根据使用环境可分为低温型（C）（−40～+55℃、20%～96%RH），常温型（N）（−25～+55℃、20%～96%RH），高温型（W）（−5～+70℃、12%～96%RH）。

（4）在标准频率±0.2%的变化范围内应能正常工作。

（5）无论是内部或独立测试元件，所有电气回路都应检测合格，包括电阻、电源和显示功能的元件。

（6）对被检测电压应能保持 1min，不应出现不正确指示和故障。

3. 电气特性

应有足够的绝缘强度，以承受被检测电压。

（1）对于直接接触带电设备的核相仪，应防止核相仪在带电部分之间发生闪络或击穿。

（2）指示器不应发生火花放电而导致损坏。

（3）电阻元件应有足够的容量，满足电压和功率要求。

（4）核相仪泄漏电流不应超过 0.5mA。

（5）当 $1.2U_N$（额定电压）的试验电压施加在接触电极之间时，电阻型核相仪通过的最大回路电流不应超过 3.5mA。

（6）指示器外罩应能适应干燥和潮湿的环境条件。

（7）连接引线绝缘应能耐受 $1.2U_N$ 电压。

4. 机械特性

绝缘部件最小长度应符合表 2-19 的要求。

表 2-19 绝 缘 部 件 最 小 长 度

电压范围（kV）	最小长度（mm）
$1<U_N\leqslant10$	700
$10<U_N\leqslant20$	800
$20<U_N\leqslant35$	900
$35<U_N\leqslant110$	1300
$110<U_N\leqslant220$	2100
$220<U_N\leqslant330$	3100
$330<U_N\leqslant500$	4000

（1）在使用电阻型核相仪时，操作者与连接引线及地线间的最小距离为100mm。

（2）限位标记宽度应为20mm，手柄长度不小于115mm，护手环高出手柄至少20mm。

（3）测量装置质量不应超过总质量的10%，绝缘杆握紧力不超过200N，因自重弯曲时的挠度不应大于全长的10%。

（4）指示器、电阻元件和接触电极延伸部分等连接应具有抗机械拉力性能。

（5）应具有抗跌落和抗冲击性能。

第十九节 绝 缘 遮 蔽 罩

绝缘遮蔽罩是由绝缘材料制成，起隔离或遮蔽的保护作用，防止作业人员与带电体发生直接碰触。

一、预防性试验项目和周期

绝缘罩预防性试验项目为交流耐压试验，试验周期为12个月。带电作业用遮蔽罩预防性试验项目为交流耐压试验，试验周期为6个月。

二、试验设备

（1）交流耐压试验仪1套。

（2）与绝缘遮蔽罩类型相一致的内电极若干。

三、试验方法及要求

1. 外观

（1）产品名称、型号、制造厂名、制造日期、标准号等标志清晰完整。

（2）内外表面不应存在小孔、裂缝、局部隆起、切口、夹杂导电异物、折缝、空隙及凹凸波纹等缺陷。

（3）提环、孔眼、挂钩等用于安装的配件应无破损，闭锁部件应开闭灵活，闭锁可靠。

2. 绝缘罩交流耐压试验

绝缘罩交流耐压试验布置见图2-19，内部高压电极为金属芯棒，外部接地电极为金属箔等，按表 2-20 要求进行交流耐压试验，试验中无闪络、击穿，试验后无灼伤、发热，则试验通过。

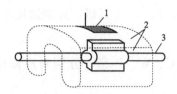

图 2-19 绝缘罩交流耐压试验布置图

1—接地电极；2—金属箔；3—高压电极

表 2-20 绝缘罩交流耐压试验要求

额定电压（kV）	交流耐压（kV）	持续时间（min）
6～10	30	1
20	50	1
35	80	1

3. 带电作业用遮蔽罩交流耐压试验

内部高压电极由不锈钢金属棒（或金属管）和一翼状金属块组成，表面及边缘应加工光滑，其边缘曲率半径为 1mm±0.5mm。电极金属棒的直径（E）为：0.4/3/10（6）kV 为 4mm，20kV 为 6.5mm，35kV 为 10mm。图 2-20 所示为悬垂装置遮蔽罩的电极。

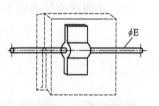

图 2-20 悬垂装置遮蔽罩的电极

外部接地电极采用电阻率较小的金属材料制成（如导电纤维、金属箔或网眼边长小于2mm 的金属网）。电极边缘应圆滑并能与遮蔽罩很好地套合。将外电极套在遮蔽罩的外表面，其边缘距内电极的距离应满足表 2-21 要求。

表 2-21 遮蔽罩内外电极间距离和交流耐压值

级别	0（0.4kV）	1（3kV）	2（10kV）	3（20kV）	4（35kV）
内外电极间距离（mm）	40	90	135	180	470
交流耐受电压（kV）	5	10	20	30	40

试验电压值从 0 开始以 1000V/s 的速率增长到表 2-21 的规定值，持续 1min，试验无电晕发生、无闪络、无击穿、无明显发热，则试验通过。

四、遮蔽罩相关要求

GB 12168—2006《带电作业用遮蔽罩》对遮蔽罩技术要求进行了规定。

1. 材料

采用环氧树脂、塑料、橡胶、聚合等绝缘材料制成。

2. 分类

根据用途可分为导线遮蔽罩、针式绝缘子遮蔽罩、耐张装置遮蔽罩、悬垂装置遮蔽罩、线夹遮蔽罩、棒型绝缘子遮蔽罩、电杆遮蔽罩、横担遮蔽罩、套管遮蔽罩、跌落式开关遮蔽罩等。

(1) 按电气性能分为 0、1、2、3、4 五级，分别适用于 0.4、3、10 (6)、20、35kV 电压等级。

(2) 特殊性能为 A、H、C、W、P 型，分别对应耐酸、耐油、耐低温、耐高温、耐潮。

3. 要求

遮蔽罩尺寸和形状应和被遮蔽对象相配合。

(1) 应在遮蔽罩上有一个操作定位装置，以便使用合适的工具装拆遮蔽罩。

(2) 为保证遮蔽罩不会由于风吹、导线移动等原因而脱落，应在遮蔽罩上安装锁定装置，闭锁部件的闭锁和开启应能用绝缘杆来操作。

(3) 在同一绝缘遮蔽组合中，各个遮蔽罩之间相互连接的端部应可通用。

(4) 遮蔽罩内外表面不应存在破坏其均匀性、损坏表面光滑轮廓的缺陷。

第二十节 绝 缘 隔 板

绝缘隔板（又称绝缘挡板）是由绝缘材料制成，用于隔离带电部件、限制作业人员活动范围、防止接近高压带电部分的绝缘平板。可与 35kV 及以下的带电部分直接接触，起临时遮栏作用。

一、预防性试验项目和周期

绝缘隔板预防性试验项目为表面交流耐压试验和交流耐压试验，试验周期为 12 个月。

二、试验设备

(1) 工频耐压试验仪 1 套。

(2) 70mm×30mm×3mm 不锈钢金属板电极（表面光滑，边缘曲率半径为 1mm± 0.5mm）2 块。

三、试验方法及要求

1. 外观

(1) 产品名称、电压等级、制造厂及生产日期等标识清晰完整。

(2) 表面无老化、裂纹或孔隙等。

2. 表面交流耐压试验

两电极之间相距 300mm，施加交流电压 60kV，持续 1min，试验中不应出现闪络或击穿，试验后应无灼伤、发热现象。

采用平移电极的方式使耐压范围覆盖整个表面。

3. 交流耐压试验

在绝缘隔板两面铺上用湿布或金属箔制成的极板，两极板与隔板的边缘距离应满足表 2-22 的规定。在极板上安置高压电极和接地极，然后按表 2-22 中的规定加压，试验中不应出现闪络和击穿，试验后应无灼伤、发热现象。

表 2-22　　　　　　　　　　　　绝缘隔板试验要求

电压等级（kV）	电极与隔板边缘的距离（mm）	试验电压（kV）	时间（min）
6～10	200	30	1
20	250	50	1
35	300	80	1

第二十一节　绝　缘　夹　钳

绝缘夹钳是装拆高压熔断器或其他类似工作的绝缘操作钳。

一、预防性试验项目和周期

绝缘夹钳预防性试验项目为交流耐压试验，试验周期为 12 个月。

二、试验设备

工频耐压试验仪 1 套。

三、试验方法及要求

1. 外观

（1）产品名称、型号规格、电压等级、制造厂名、制造日期等标识清晰完整。

（2）绝缘部分应无气泡、皱纹、裂纹、绝缘层脱落、严重的机械或电灼伤痕，玻璃纤维布与树脂间黏接完好不得开胶。握手部分护套与绝缘部分连接紧密、无破损，不产生相对滑动或转动。

（3）绝缘夹钳的钳口动作灵活，无卡阻现象。

2. 交流耐压试验

在绝缘夹钳的绝缘部分布置高压电极和接地极，按表 2-23 的规定加压试验，试验中不应出现闪络和击穿，试验后应无灼伤、发热现象。

表 2-23　　　　　　　　　　　　绝缘夹钳试验要求

电压等级（kV）	试验长度（mm）	试验电压（kV）	时间（min）
10	0.7	45	1
20	0.8	70	1
35	0.9	95	1

第二十二节 绝 缘 服 装

绝缘服装是由绝缘材料制成的用于防止作业人员带电作业时身体触电的服装，包括绝缘披肩。

一、预防性试验项目和周期

绝缘服（披肩）预防性试验项目为整衣层向交流耐压试验，试验周期为 6 个月。

二、试验设备

(1) 50kV 交直流耐压试验仪 1 套。

(2) 试验平台 1 个及试验电极若干。

三、试验方法及要求

1. 外观

(1) 产品名称、型号及种类、电压级别、制造厂、生产日期、双三角形标志等标识清晰完整。

(2) 内外表面均应完好无损，无小孔、局部隆起、夹杂异物、折缝、孔隙等缺陷。

(3) 应具有弹性，采用无缝制作方式。

2. 绝缘服（披肩）整衣层向交流耐压试验

试验前应将试样预置在 23℃±2℃、50％±5％RH 的环境中 2h±0.5h。

电极及试验布置见图 2-21，电极应覆盖绝缘上衣的前胸、后背、左袖、右袖及绝缘裤的左右腿的上下方以及接缝处。由海绵或其他吸水材料（如棉布）等制成湿电极，电极厚度为 4mm±1mm，电极边角应倒角，见图 2-21 (d)。内外电极形状与绝缘服形状相符，电极之间的电场应均匀且无电晕发生。电极边缘距绝缘服边缘的间距 D 为 65mm±5mm。将绝缘服平整布置于内外电极之间，不应强行拽拉，用干棉布擦干电极周围绝缘服上的水迹。为防止沿绝缘服边缘发生沿面闪络，应注意高压引线距绝缘服边缘的距离或采用套管引入高压的方式。

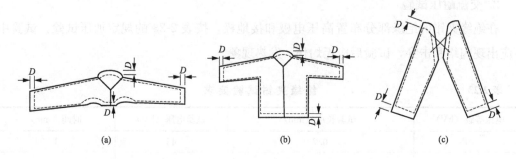

图 2-21 绝缘服（披肩）层向交流耐压试验示意图（一）

（a）绝缘披肩内电极布置；（b）绝缘上衣内电极布置；（c）绝缘裤内电极布置

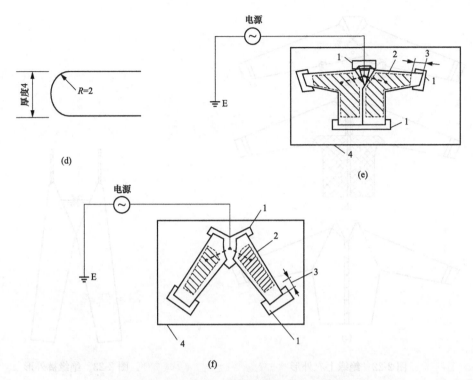

图 2-21 绝缘服（披肩）层向交流耐压试验示意图（二）

（d）内电极边缘导角示意图；（e）绝缘上衣试验布置图；（f）绝缘裤试验布置图

1—加强沿面片；2—上部电极；3—沿面距离；4—试验台（下部电极）

试验电压以大约 1000V/s 的速度升至表 2-24 规定的试验电压值，持续 1min。试验无闪络、无击穿、无明显发热，则试验通过。

表 2-24   绝缘服（披肩）交流耐压值

绝缘服（披肩）级别	0	1	2
额定电压（kV）	0.4	3	10
试验电压（有效值）（kV）	5	10	20

四、绝缘服装相关要求

DL/T 1125—2009《10kV 带电作业用绝缘服装》对绝缘服装技术要求进行了规定。

1. 外形尺寸

绝缘上衣、绝缘裤外形分别见图 2-22、图 2-23。

2. 工艺及成型

表面应平整、均匀、光滑，接合部位应采取无缝制作方式。

3. 机械性能

（1）拉伸强度平均值不应小于 9MPa，最低值不应低于平均值的 90%。

（2）表层抗穿刺力平均值不应小于 15N，最低值不应低于平均值的 90%。

（3）表层拉断力平均值不应小于 150N，最低值不应低于平均值的 90%。

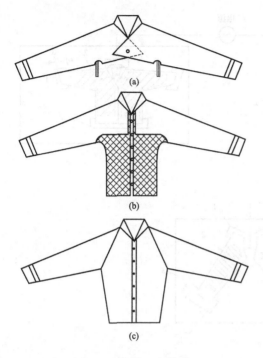

图 2-22　绝缘上衣外形

（a）绝缘披肩；（b）网眼绝缘上衣；（c）普通绝缘上衣

图 2-23　绝缘裤外形

4. 电气性能

绝缘服装整衣层向验证电压 20kV、整衣层向耐受电压 30kV、沿面工频耐受电压 100kV；内层材料体积电阻系数≥$1\times10^{15}\Omega\cdot cm$。

第二十三节　屏蔽（静电防护）服装

屏蔽服装是由天然或合成材料制成，其内完整地编织有导电纤维，用于防护作业人员等电位带电作业时受到电场影响。静电防护服装是用导电材料与纺织纤维混纺交织成布后做成的服装，用于保护线路和变电站巡视及地电位作业人员免受交流高压电场的影响。导电鞋（防静电鞋）是由特种性能橡胶制成的在 220～500kV 带电杆塔上及 330～500kV 带电设备区非带电作业时为防止静电感应电压所穿用的鞋子。

一、预防性试验项目和周期

屏蔽服装预防性试验项目为成衣（包括鞋、袜）电阻试验和整套服装屏蔽效率试验，静电防护服装预防性试验项目为整套服装屏蔽效率试验，试验周期为 6 个月。导电鞋（防静电鞋）预防性试验项目为直流电阻试验，试验周期为穿用不超过 200h。

二、试验设备

（1）电阻试验设备。

1）量程 0.1～50Ω 及 1～1000Ω 的绝缘电阻表各 1 块；

2）两个带接线柱的黄铜圆电极（每个重 1kg），见图 2-24；

3）一个模拟人及一套普通布料服装；

4）量程不小于 100V 的直流电压源、电压表和电流表。

（2）屏蔽效率试验设备。

1）一台 600V/50Hz 正弦波电压发生器；

2）一个内装 2MΩ 负载电阻的黄铜电极（见图 2-25）；

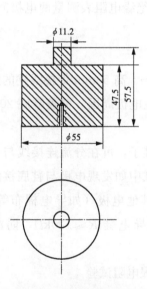

图 2-24 屏蔽服装成衣
电阻试验电极图

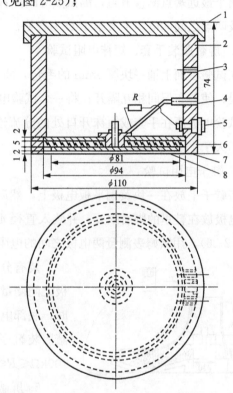

图 2-25 屏蔽服装屏蔽效率试验电极图

1—上盖；2—屏蔽外壳；3—固定电缆螺孔；

4—电缆连接测量仪表；5—接地螺母；6—屏蔽电极；

7—绝缘板；8—接收电极；R—负载电阻

3）一台输入阻抗大于 10MΩ 的电压测量仪器（电压表或示波器）；

4）一块直径 400mm、厚度 5mm±0.5mm 橡胶板（表面硬度为肖氏级 60～65 度）；

5）一块直径 300mm 并带有接线柱的黄铜板及一块直径为 400mm 的圆形绝缘板。

三、试验方法及要求

1. 外观

（1）产品名称、型号规格、制造厂名、制造日期等标识清晰完整。

（2）整套服装（包括上衣、裤子、手套、袜子和帽子）内外表面应完好无损，不存在孔洞、裂缝等缺陷；鞋子应无破损，鞋底无严重磨损；分流连接线完好。

（3）帽子、上衣、裤子之间应有两个连接头，上衣与手套、裤子与袜子每端分别各有一个连接头。将连接头组装好后，轻扯连接部位，应连接牢固。

2. 屏蔽服装上衣、裤子电阻试验

在试验台面上铺一块厚 5mm 的毛毡，将上衣及裤子平铺在毛毡上，其内衬垫一层塑料薄膜，使上衣及裤子各布之间隔开，避免层间电气短路；将试验电极分别置于上衣或裤子的两个最远端点测量电阻，测试点应距离各接缝边缘和分流连接线 3cm 远。任意两个最远端及两点之间的电阻不大于 15Ω 为合格。

3. 屏蔽服装手套、短袜电阻试验

在试验台面上铺一块厚 5mm 的毛毡，将手套及短袜平铺在毛毡上，其内衬垫一层塑料薄膜，使各布层间相互隔开；将一个试验电极压在手套的中指指尖或短袜的袜尖处，另一个试验电极压在手套或短袜开口处的分流连接线上，用绝缘电阻表测量两电极间电阻。电阻不大于 15Ω 为合格。

4. 鞋子电阻试验

将鞋子平放在一块黄铜平板电极上，然后将直径 30mm、高 50mm 带接线柱的圆柱形黄铜电极放在鞋里的脚后跟处，并装入直径 4mm 钢珠铺在电极周围，覆盖鞋底 20mm 深（见图 2-26），用欧姆表测量两电极之间的电阻。

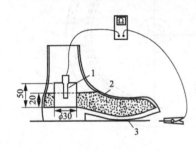

图 2-26 鞋子电阻测量示意图

1—测试电极接线柱；

2—钢珠；3—黄铜平板电极

装有分流连接线的鞋子，可在分流连接线与平板电极之间测量电阻。在测试中如发现电极与鞋底接触不良时，底部电极也可采用其他电极（如导电棉布等）。屏蔽服装鞋子 $R \leqslant 500\Omega$，导电鞋 $R \leqslant 100k\Omega$，防静电鞋 $100k\Omega \leqslant R \leqslant 1000M\Omega$。

5. 屏蔽服装整套衣服电阻试验

先给模拟人穿上一套普通布料服装，然后外面再穿上一套被测屏蔽服装（将上衣、裤子、手套、袜子、帽子和鞋全部组装好），并将其躺卧在试验桌上；将两个带接线柱的黄铜电极分别垂直平放在各被测点上，检测手套与短袜及帽子与短袜间的电阻。整套屏蔽服装各最远端点之间的电阻均不得大于 20Ω。

6. 屏蔽效率试验

将直径 400mm 绝缘板、直径 300mm 金属板、直径 400mm 橡胶板、电极装置放置在一个水平支架上；将电压发生器的低压端、电极装置接地部分、电压表低压端连接在一起并接地；将电压发生器高压端、金属板连接柱、电压表高压端连接在一起并对地绝缘。

在没有试样的情况下施加 50Hz 的 600V 电压有效值，读出电极输出端电压值 U_{ref}（为基准电压，V）；取出电极装置，将试样紧贴在电极下面压平（放置位置不允许超出试样边缘），施加电压，读出电极输出端电压值 $U(V)$。屏蔽效率 $SE(dB)$ 按下列公式计算

$$SE = 20\lg\left(\frac{U_{ref}}{U}\right)$$

上衣在左右前胸正中、后背正中各测一点，裤子位于膝盖处各测一点。将测得的 5 点数据之算术平均值作为屏蔽效率值。750kV 及以下电压等级屏蔽服装的屏蔽效率不得小于 40dB，特高压屏蔽服装的屏蔽效率不得小于 60dB，屏蔽面罩的屏蔽效率不小于 20dB；静电防护服装屏蔽效率不得小于 30dB。

四、屏蔽服装相关要求

GB/T 6568—2008《带电作业用屏蔽服装》对屏蔽服装技术要求进行了规定。

1. 一般要求

应有较好的屏蔽性能、较低的电阻、适当的流通容量、一定的阻燃性及较好的服用性能；各部件应经过两个可拆卸的连接头进行电气连接，连接头在工作中不得脱开。

2. 衣料要求

屏蔽效率不得小于 40dB、电阻不得大于 800mΩ、熔断电流不得小于 5A。

（1）应具有一定的耐电火花的能力，在充电电容产生的高频火花放电时不烧损，仅炭化而无明火蔓延。经过耐电火花试验 2min 后，炭化破坏面积不得大于 30mm²。

（2）与明火接触时能阻止明火的蔓延，炭长不得大于 300mm，烧坏面积不得大于 100cm²。

（3）应经受 10 次"水洗—烘干"过程，电气和耐燃性能无明显降低。

（4）经过 500 次摩擦试验后，电阻不得大于 1Ω，屏蔽效率不得小于 40dB。

（5）对导电纤维类衣料，径向、纬向断裂强度均不得小于 343N、294N；对导电涂层类衣料，径向、纬向断裂强度均不得小于 245N；断裂伸长率不得小于 10%。

3. 成品要求

上衣及裤子任意两个最远端之间的电阻、手套及短袜的电阻均不得大于 15Ω，鞋子电阻不得大于 500Ω。

（1）应确保帽子和上衣之间的电气连接良好。

（2）用于 750kV 电压等级的 II 型屏蔽服装应配置屏蔽面罩，视觉应良好。

（3）对屏蔽服装膝部、臀部、肘部及手掌等易损部位，可用双层衣料适当加强。整套屏蔽服装各最远端点之间电阻值不得大于 20Ω。在规定的使用电压等级下，测量衣服胸前、背后以及帽内头顶等三个部位的体表场强均不得大于 15kV/m，测量人体外露部位（如面部）的体表局部场强不得大于 240kV/m；测量屏蔽服内流经人体的电流不得大于 50μA。对屏蔽服装通以规定的工频电流，并经热稳定后，任何部位温升不得超过 50℃。

（4）屏蔽服装每路分流连接线截面不应小于 1mm²，并应具有适当的机械强度。

五、静电防护服装相关要求

GB/T 18136—2008《交流高压静电防护服装及试验方法》对静电防护服装技术要求

进行了规定。

1. 衣料

电阻不得大于 300Ω。

(1) 500kV 及以下静电防护服装屏蔽效率≥28dB，750kV 静电防护服装屏蔽效率≥30dB。

(2) 径向、纬向断裂强度不得小于 345N、300N，断裂伸长率不得小于 10％。

(3) 透过衣料的空气流量不得小于 35L/(m² · s)。

2. 成衣

全套成衣的屏蔽效果要求服装内体表的场强不得超过 15kV/m。

(1) 鞋电阻不得大于 500Ω。

(2) 帽、帽檐、外伸边沿或披肩均应用静电防护衣料制作。

(3) 连接带与衣、裤、帽、手套的搭接长度不得小于 100mm，宽度不得小于 15mm，且连接带纵向缝制不得少于 3 道。

第二十四节　绝　缘　手　套

绝缘手套由绝缘橡胶或绝缘合成材料等制成，按使用场合分为带电作业用绝缘手套（在带电作业中防止作业人员手部触电）和辅助型绝缘手套（电气辅助绝缘作用）。

一、预防性试验项目和周期

绝缘手套预防性试验项目为交流耐压试验，试验周期为 6 个月。

二、试验设备

(1) 50kV 交流耐压试验仪 1 套（含交流泄漏表）。

(2) 500mm 钢直尺 1 把，精度不低于 1mm。

(3) 长 0.8m、宽 0.8m、深 1.0m 试验水槽 1 只。

三、试验方法及要求

1. 外观

(1) 带电作业用绝缘手套标识［包括产品名称、可适用种类、尺寸、电压等级、制造厂名、制造年月及带电作业用（双三角）符号等］和辅助型绝缘手套标识（包括产品名称、电压等级、制造厂名、制造年月等）应清晰完整。

(2) 手套应具有柔软良好的服用性能，内外表面均应完好无损，无划痕、裂缝、折缝和孔洞。

(3) 用卷曲法或充气法检查手套有无漏气现象。

2. 交流耐压试验

将被试手套内部注入自来水，浸入水槽中，其露出水面长度应符合表 2-25 的规定，并使手套内外水平面呈相同高度（见图 2-27）。试验前，手套上端露出水面部分应擦干，水中应无气泡。

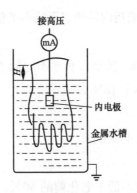

图 2-27　绝缘手套电气性能试验图

表 2-25　　　　　　　　　　　　　手 套 电 气 性 能 要 求

分类	型号（适用电压等级，颜色）	交流耐压试验		
		露出水面长度 H（mm）	交流耐压（kV）	泄漏电流（mA）
辅助型	高压	90	8.0	≤9.0
	低压	90	2.5	≤2.5
带电作业用	0（0.4kV，红）	40	5	—
	1（3kV，白）	40	10	—
	2（10kV，黄）	65	20	—
	3（20kV，绿）	90	30	—
	4（35kV，橙）	130	40	—

电压以约 1000V/s 的恒定速度逐渐升压，直至达到表 2-25 所规定的交流耐压值，保持 1min，辅助型绝缘手套同时测量泄漏电流，其值不大于表 2-25 中规定值，无闪络、无击穿、无明显发热为合格。

四、带电作业用绝缘手套相关要求

GB/T 17622—2008《带电作业用绝缘手套》对绝缘手套技术要求进行了规定。

1. 结构要求

手套可以加衬，外表面也可加覆盖层。

（1）手套应有袖口，袖口部位可加制卷边。

（2）手套长度见表 2-26。

表 2-26　　　　　　　　　　　　　　手 套 长 度

级别	长度（mm）				
0	280	360	410	460	—
1	—	360	410	460	800
2	—	360	410	460	800
3	—	360	410	460	800
4	—	—	410	460	—

电力安全工器具及机具预防性试验

（3）应检查手套内外表面缺陷。有害表面缺陷指针孔、裂纹、砂眼、割伤、嵌入导电杂物和明显的压模痕迹。无害表面缺陷指内外侧表面的不平整（合成橡胶的隆起物或凹陷）。

2. 机械性能要求

平均拉伸强度不应低于16MPa，扯断伸长率不应低于600％，拉伸永久变形不应超过15％，平均抗机械刺穿强度不应小于18N/mm。

3. 电气性能要求

应能通过交流验证电压和耐受电压试验。

4. 耐老化性能要求

经热老化处理后，拉伸强度应不低于老化前的80％。

5. 热性能要求

经低温处理后，应无破损、断裂和裂缝，并通过验证电压试验。进行阻燃试验，在火焰退出后55s，如火焰未蔓延至试品末端55mm基准线处，则试验合格。

6. 特殊性能要求

（1）A类手套应具有耐酸性能，经酸液浸泡处理后，应通过验证电压、拉伸强度和扯断伸长率试验。

（2）H类手套应具有耐油性能，经浸油处理后，应通过验证电压、拉伸强度和扯断伸长率试验。

（3）Z类手套应具有耐臭氧性能，经臭氧环境处理后，应无裂痕，并能通过验证电压试验。

（4）R类手套应同时具有耐酸、耐油和耐臭氧性能。

（5）C类手套应具有耐低温性能，经低温处理后，应无破损、断裂和裂缝，并通过验证电压试验。

第二十五节　绝缘鞋（靴）

绝缘鞋（靴）由特种橡胶等绝缘料制成，按使用场合分为带电作业用绝缘鞋（靴）（在带电作业中防止作业人员脚部触电）和辅助型绝缘鞋（靴）（用于人体与地面的辅助绝缘）。

一、预防性试验项目和周期

绝缘鞋（靴）预防性试验项目为交流耐压试验，试验周期为6个月。

二、试验设备

同绝缘手套。

三、试验方法及要求

1. 外观

（1）带电作业用绝缘鞋（靴）标识［包括产品名称、鞋号、耐电压数值、制造商名

56

称、生产年月、标准号、出厂检验合格印章及带电作业用（双三角）符号等］和辅助型绝缘鞋（靴）标识［包括产品名称、鞋号、电绝缘字样（或英文 EH）、闪电标记、耐电压数值、制造商名称、生产年月、标准号、出厂检验合格印章等］清晰完整。

（2）绝缘鞋（靴）应无破损。鞋底防滑齿磨平、外底磨露出绝缘层者为不合格。

2. 辅助型绝缘鞋（靴）交流耐压试验

辅助型绝缘鞋（靴）交流耐压试验见图 2-28，将一个直径大于 5mm 的铜片放入鞋内，铜片上铺满直径为 3.5mm±0.6mm 的不锈钢珠，对于绝缘布面胶鞋，其钢珠高度至少 15mm，其他鞋钢珠高度至少 30mm。将试样鞋放入盛有水和海绵的器皿中。在试验绝缘皮鞋和绝缘布面胶鞋时，含水海绵不得浸湿鞋帮。

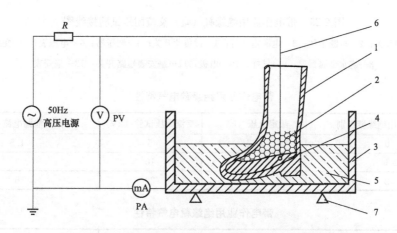

图 2-28　辅助型绝缘鞋（靴）交流耐压试验电路图

1—试样；2—不锈钢珠；3—金属盘；4—铜片（与金属导线相连）；5—海绵和水；6—金属导线；7—绝缘支架

以 1000V/s 的速度使电压从零逐渐升到测试电压值的 75%，再以 100V/s 的速度升到如表 2-26 规定的试验电压值，保持 1min，记录泄漏电流表所示之值。

试验无闪络、无击穿、无明显发热，泄漏电流符合表 2-27 的规定时，则试验通过。

表 2-27　　　　　　　　　　辅助型绝缘鞋（靴）电气性能要求

项目名称	皮鞋	布面胶鞋		电绝缘胶靴和电绝缘聚合材料靴					
耐压等级（kV）	6	5	15	6	10	15	20	25	30
试验电压（kV）	5	3.5	12	4.5	8	12	15	20	25
泄漏电流（mA）≤	1.5	1.1	3.6	1.8	3.2	4.8	6.0	8.0	10.0

3. 带电作业绝缘鞋（靴）交流耐压试验

试验接线见图 2-29，试样鞋（靴）内外水位应距鞋（靴）口 65mm，试验要求见表 2-28 和表 2-29，电压持续时间为 1min，以泄漏电流未超过规定值且无闪络、无击穿、无明显发热为合格。

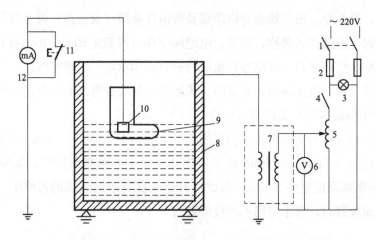

图 2-29　带电作业用绝缘鞋（靴）交流耐压试验接线图

1—刀闸开关；2—可断熔丝；3—电源指示灯；4—过负荷开关；5—调压器；6—电压表；7—变压器；

8—盛水金属器皿；9—试样；10—电极；11—毫安表短路开关；12—毫安表

表 2-28　　　　　　　　　　　　　带电作业用绝缘鞋电气特性

带电作业用绝缘鞋级别	额定电压（kV）	交流耐压试验（kV）	最大泄漏电流（mA）
0	0.4	5	1.5
1	3	10	3
2	10	20	6

表 2-29　　　　　　　　　　　　　带电作业用绝缘靴电气特性

带电作业用绝缘靴级别	额定电压（kV）	交流耐压试验（kV）	最大泄漏电流（mA）
1	3	10	18
2	10	20	20
3	20	30	22
4	35	40	24

四、绝缘鞋（靴）相关要求

（一）GB 12011—2009《足部防护　电绝缘鞋》对电绝缘鞋的技术要求

1. 一般要求

鞋底应有防滑功能。

（1）帮底连接不应采用上下穿通线缝，但可以侧缝。

（2）鞋帮耐撕裂性，皮革≥120N，织物≥60N；橡胶连续屈挠 125000 次、聚合材料连续屈挠 150000 次，表面应无裂纹；水蒸气渗透率不应小于 0.8mg/(cm^2・h），水蒸气系数不应小于 15mg/cm^2；皮革 pH 值不应小于 3.2，六价铬含量应未检出；布面胶鞋鞋帮与围条黏附强度不应小于 2.0kN/m；橡胶和聚合材料鞋帮与织物黏附强度不应小于 0.6kN/m。

（3）非皮革外底撕裂强度不应小于：8kN/m（适用材料密度大于 0.9g/cm^3）；5kN/m（适用材料密度不大于 0.9g/cm^3）。15kV 及以下橡胶或聚合材料外底相对体积磨耗量不应大于 250mm³；20kV 及以上橡胶或聚合材料外底相对体积磨耗量不应大于 400mm³。

（4）皮鞋鞋帮/鞋底结合强度不应小于 4.0N/mm。

2. 电性能要求

出厂检验应符合表 2-30 要求，测试时间 1min。

表 2-30　　　　　　　　　　　绝缘鞋（靴）出厂检验要求

项目名称	皮鞋	布面胶鞋		电绝缘胶靴和电绝缘聚合材料靴					
耐压等级（kV）	6	5	15	6	10	15	20	25	30
试验电压（kV）	6	5	15	6	10	15	20	25	30
泄漏电流（mA）≤	1.8	1.5	4.5	2.4	4.0	6.0	8.0	9.0	10.0

（二）DL/T 676—2012《带电作业绝缘鞋（靴）通用技术条件》对带电作业绝缘鞋（靴）的技术要求

1. 外观及结构要求

绝缘鞋不应存在针孔、裂纹、砂眼、气泡、切痕、嵌入导电杂物、明显的压膜痕迹及合模凹陷等有害的表面缺陷。绝缘鞋宜用平跟，绝缘靴后跟高度不应超过 30mm，外底应有防滑花纹。

2. 物理及机械性能要求

（1）绝缘鞋外底拉伸强度≥9.0MPa、扯断伸长率≥370%、邵氏 A 硬度 50～70，围条与鞋面黏附强度≥2.22kN/m，鞋帮与外底剥离强度≥5.90kN/m。

（2）绝缘靴拉伸强度靴面≥14MPa、靴底≥12MPa，扯断伸长率靴面≥450%、靴底≥360%，邵氏 A 硬度靴面 55～65、靴底 55～70，靴底磨耗≤1.9cm³/1.61km，围条与靴面黏附强度≥0.64kN/m。

3. 热老化性能要求

热老化试验后，试品拉伸强度不低于老化前试验值的 80%。

4. 耐低温性能要求

低温试验后，应无破损、断裂和裂缝。

第二十六节　绝缘垫（毯）

绝缘垫（毯）由特种橡胶等绝缘材料制成，分为带电作业用绝缘垫（敷设在地面或接地物体上以保护作业人员免遭电击）、带电作业用绝缘毯（保护作业人员无意识触及带电体时免遭电击以及防止电气设备之间短路）和辅助型绝缘胶垫（用于加强作业人员对地的辅助绝缘）。

一、预防性试验项目和周期

绝缘垫（毯）预防性试验项目为交流耐压试验，辅助型绝缘胶垫试验周期为 12 个月，带电作业用绝缘垫（毯）试验周期为 6 个月。

二、试验设备

同绝缘服装。

三、试验方法及要求

1. 外观

（1）辅助型绝缘胶垫标识（包括产品名称、电压等级、制造厂和制造日期等）和带电作业用绝缘垫（毯）标识（包括产品名称、种类和型号、电压级别、制造厂、生产日期及双三角符号等）应完整清晰。

（2）上下表面应不存在小孔、裂缝、局部隆起、切口、夹杂导电异物、折缝、空隙、凹凸波纹等缺陷。

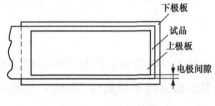

图 2-30 试验布置图

2. 交流耐压试验

电极应是约 5mm 厚的具有光滑边缘的矩形金属极板，见图 2-30，上下极板之间的间隙距离应满足表 2-31 规定。6mm 左右的导电橡胶（泡沫）或潮湿的海绵放置在极板与试品之间。

表 2-31　　　　　　　　　　　　**绝缘垫（毯）电极间隙**

级别	0 级及 1 级	2 级	3 级及辅助型绝缘胶垫	4 级
电极间隙（mm）	80	150	200	300

如使用图 2-30 试验布置时发生闪络，则可使用替代电极进行试验，见图 2-31，一个厚度为 3～5mm、中空 762mm×762mm、边长 1270mm×1270mm 耐热型有机玻璃板置放在接地金属板上，导电橡胶或潮湿海绵置放入玻璃板的中空部分，再把被试绝缘垫（毯）置放其上，试验电压施加在绝缘垫（毯）上部的金属极板上。

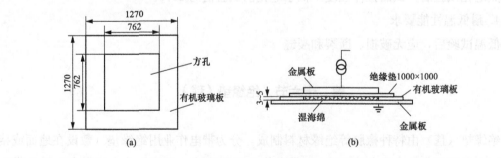

图 2-31 替代电极布置

（a）中空玻璃板；（b）电极布置图

试验电压以 1000V/s 的速度逐渐升压，直至达到表 2-32 的规定值，持续为 1min。分段试验时，段间的试验边缘应重叠。试验无闪络、无击穿、无明显发热，则试验通过。

表 2-32　　　　　　　　　　　　　　　绝缘垫（毯）试验电压

级别	辅助型绝缘胶垫		带电作业用绝缘垫（毯）				
			0	1	2	3	4
电压等级（kV）	高压	低压	0.4	3	10（6）	20	35
试验电压（kV）	15	3.5	5	10	20	30	40

四、带电作业用绝缘垫相关要求

（一）DL/T 853—2015《带电作业用绝缘垫》对绝缘垫的技术要求

绝缘垫长度和宽度不得小于 600mm，尺寸见表 2-33，允许误差±2%。

表 2-33　　　　　　　　　　　　　　　绝 缘 垫 尺 寸

特殊型			卷筒型
长度（mm）	宽度（mm）		宽度（mm）
1000	600		600
1000	1000		760
1000	2000		915
—	—		1220

（二）DL/T 803—2015《带电作业用绝缘毯》对绝缘毯的技术要求

绝缘毯形状可采用平展式或开槽式（见图 2-32）等，尺寸及允许误差见表 2-34。

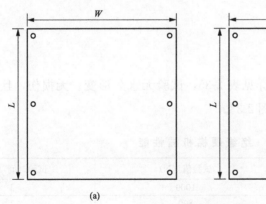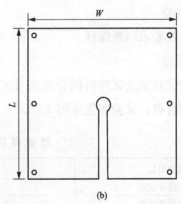

图 2-32　绝缘毯形状

（a）平展式；（b）开槽式

表 2-34　　　　　　　　　　　　　　　绝缘毯尺寸及允许误差

平展式			开槽式		
长度 L（mm）	宽度 W（mm）	允许误差（mm）	长度 L（mm）	宽度 W（mm）	允许误差（mm）
910	305	±15	—	—	—
560	560	±15	560	560	±15
910	690	±15	910	910	±15
910	910	±15	—	—	±15
2280	910	±15	1160	1160	±25

第二十七节　带电作业用绝缘硬梯

带电作业用绝缘硬梯是由绝缘材料制成的用于带电作业时的登高工具，按使用方式分为竖梯、平梯和挂梯，按结构分为人字梯、蜈蚣梯和升降梯。

一、预防性试验项目和周期

绝缘硬梯预防性试验项目为电气试验（交直流耐压和操作冲击耐压试验）和机械试验（水平强度、横档强度、连接装置强度、抗压试验），试验周期为 12 个月。

二、试验设备

梯具试验机 1 台，其余同绝缘杆。

三、试验方法及要求

1. 外观

（1）产品名称、电压等级、制造商名称、制造日期、带电作业（双三角符号）等标志清晰完整。

（2）各部件完整光滑，绝缘部分无气泡、皱纹、开裂或损伤，金属部件无变形、裂纹和锈蚀。

（3）杆段间连接牢固；升降梯升降灵活，锁紧装置可靠。

2. 电气试验

试验方法及要求同绝缘杆。

3. 机械试验

机械强度试验值及试验时间详见表 2-35，试验无永久形变、无损伤，且机构动作灵活、无卡住为合格；试验布置见图 2-33。

表 2-35　　　　　　　　　　　　　　　　绝 缘 硬 梯 机 械 性 能

试验项目	试验值（N）	试验时间（min）
水平强度试验	1000	1
横档强度试验	800	1
连接装置强度试验	1000	1
抗压试验（人字梯）	1600	1

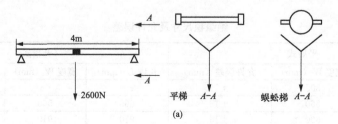

图 2-33　绝缘硬梯机械强度试验布置图（一）

（a）水平强度试验

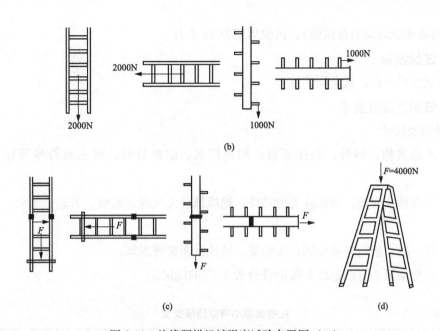

(b)

(c)　　　　　　　　　　　　　　　　(d)

图 2-33　绝缘硬梯机械强度试验布置图（二）

（b）横档强度试验；（c）连接装置强度试验；（d）抗压试验

四、带电作业用绝缘硬梯相关要求

GB/T 17620—2008《带电作业用绝缘硬梯》对绝缘硬梯的技术要求。

绝缘硬梯横档应具有防滑表面，和梯梁垂直。

1. 结构要求

绝缘硬梯（挂梯）结构示意见图 2-34。

（1）基本段和加长段长度应在 2000～6200mm 之间，允许偏差 ±5mm；两个梯梁长度差不应大于 2mm。

（2）梯梁轴距应在 280～400mm 之间。

（3）延长梯每个梯梁应包括一个 15～250mm 连接装置。

2. 电气性能要求

硬梯基本段、挂钩及连接装置可为导电部分。

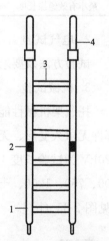

图 2-34　绝缘硬梯
（挂梯）结构示意图

1—梯架；2—连接装置；

3—横档；4—挂钩

第二十八节　带电作业用绝缘托瓶架

带电作业用绝缘托瓶架是由绝缘管或棒组成的用于对绝缘子串进行操作的装置。根据功能分为直线托瓶架和耐张托瓶架。

一、预防性试验项目和周期

托瓶架预防性试验项目为电气试验（交直流耐压和操作冲击耐压试验）和机械试验

（抗弯静负荷和抗弯动负荷试验），试验周期为 12 个月。

二、试验设备

拉力试验机 1 台，其余同绝缘杆。

三、试验方法及要求

1. 外观及尺寸

（1）产品名称、型号、电压等级、制造厂名、制造日期、双三角符号等标识完整清晰。

（2）各部件应完整，表面应光滑洁净，绝缘部分无气泡、皱纹、开裂、老化、绝缘层脱落等。

（3）杆、段、板间连接牢固，无松动、锈蚀及断裂等现象。

（4）托瓶架最小有效绝缘长度应符合表 2-36 的规定。

表 2-36   托瓶架最小有效绝缘长度

电压等级（kV）	110	220	330	500	750	1000	±500	±660	±800
最小有效绝缘长度（mm）	1000	1800	2800	3700	5300	6800	3700	5300	6800

2. 电气试验

试验方法及要求同绝缘杆。

3. 机械试验

托瓶架机械性能见表 2-37 抗弯静负荷试验持续 1min；抗弯动负荷试验操作 3 次；各部件无永久变形、无裂纹、无损伤。110kV 为试验长度中点处一点加载［见图 2-35（a）］，220kV 为试验长度 1/3、2/3 处两点加载，330kV 为试验长度 1/4、2/4、3/4 处三点加载，500、750、1000、±500、±660、±800kV 为试验长度 1/5、2/5、3/5、4/5 处四点加载［见图 2-35（b）］。

表 2-37   托 瓶 架 机 械 性 能

额定电压（kV）	试验长度（m）	额定负荷（kN）	抗弯静负荷（kN）	抗弯动负荷（kN）
110	1.17	0.6	0.72	0.6
220	2.05	1.2	1.44	1.2
330	2.95	1.8	2.16	1.8
500	4.70	3.0	3.60	3.0
750	6.80	4.2	5.04	4.2
1000	10.00	6.0	7.20	6.0
±500	5.20	3.2	3.84	3.2
±660	6.00	4.0	4.80	4.0
±800	10.00	6.0	7.20	6.0

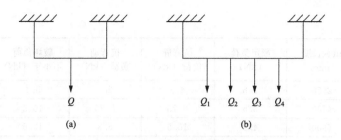

图 2-35　托瓶架抗弯试验加载点示意图

(a) 1 点加载；(b) 4 点加载

加载点应为托瓶架与绝缘子接触的两根纵向绝缘杆上；两端主杆用绝缘绳索固定（直线托瓶架的另一端应连接在端部金属附件上），作为两端悬吊支点。多点加载时，各点加载值按照表 2-36 要求平均分配。

四、托瓶架相关要求

DL/T 699—2007《带电作业用绝缘托瓶架通用技术条件》对托瓶架技术要求进行了规定。

（1）一般要求。托瓶架两端金属附件应做镀铬等表面防腐处理。绝缘层压类材料各接口内孔接缝处，应采用高强度绝缘粘接胶填实，表面再涂绝缘漆。

（2）电气性能。托瓶架电气性能应符合表 2-38 和表 2-39 规定。

表 2-38　　　　　　　　　110~220kV 电压等级托瓶架电气性能

额定电压（kV）	试验长度（mm）	工频耐受电压	
		电压值（kV）	时间（min）
110	1000	250	1
220	1800	450	1

表 2-39　　　　　　　　　330~750kV 电压等级托瓶架电气性能

额定电压（kV）	试验长度（mm）	5min 工频耐受电压值（kV）	5min 直流耐受电压值（kV）	操作冲击耐受电压值（kV）
330	2800	420	—	950
500	3700	640	—	1175
750	4700	860	—	1425
±500	3200	—	680	1050

（3）机械性能。托瓶架机械性能应符合表 2-40 规定。

表 2-40　　　　　　　　　托 瓶 架 机 械 性 能

额定电压（kV）	试验长度（mm）	额定负荷（kN）	抗弯静负荷（kN）	抗弯动负荷（kN）	破坏负荷不小于（kN）	额定负荷时的下挠不大于（mm）
110	1170	0.6	1.5	0.9	1.8	100
220	2050	1.2	3.0	1.8	3.6	100

续表

额定电压（kV）	试验长度（mm）	额定负荷（kN）	抗弯静负荷（kN）	抗弯动负荷（kN）	破坏负荷不小于（kN）	额定负荷时的下挠不大于（mm）
330	2950	1.8	4.5	2.7	5.4	150
500	4700	3.5	8.75	5.25	10.5	150
750	6800	4.2	10.5	6.3	12.6	200
±500	5200	6.0	15.0	9.0	18.0	150

（4）托瓶架各部位外形应倒圆弧，不得有尖锐棱角。分段组合式的绝缘托瓶架，其组合用接插件尺寸应配合紧密、牢固，装卸应灵活。

第二十九节　绝缘绳（绝缘绳索类工具）

绝缘绳是由天然或合成纤维材料制成的具有良好绝缘性能的绳索。带电作业用绝缘绳索类工具是由带电作业用绝缘绳索制成的绳索类工具。根据潮湿状态下的电气性能，绝缘绳索分为常规型和防潮型；根据机械强度，绝缘绳索分为常规强度和高强度；根据编织工艺，绝缘绳索分为编织性、绞制型和套织型。

一、预防性试验项目和周期

绝缘绳预防性试验项目为工频干闪试验，试验周期为6个月。绝缘绳索类工具预防性试验项目为电气试验（交直流耐压和操作冲击耐压试验）和机械试验（静拉力试验），试验周期为12个月。

二、试验设备

同带电作业用绝缘托瓶架。

三、试验方法及要求

1. 外观

（1）产品名称、型号规格、制造厂名、制造日期等标识完整清晰。

（2）绳索应光滑、干燥，无霉变、断股、磨损、灼伤等。各绳股应紧密绞合，不得有松散、分股等现象。单根丝线连接接头应封闭于绳股内部；不允许有股接头。

（3）绝缘绳索类工具最短有效绝缘长度应符合表2-41规定。

表2-41　　　　　　　　　　　　　最 短 有 效 绝 缘 长 度

额定电压（kV）	最短有效绝缘长度（m）
10	0.40
20	0.50
35	0.60
66	0.70
110	1.00

续表

额定电压（kV）	最短有效绝缘长度（m）
220	1.80
330	2.80
500	3.70
750	5.30
1000	6.80
±500	3.70
±660	5.30
±800	6.80

2. 绝缘绳工频干闪试验

工频干闪试验前，应将常规型绝缘绳放在50℃干燥箱里进行1h的烘干，然后自然冷却5min；防潮型绝缘绳可在自然环境中取样。试验布置见图2-36。

采用直径1.0mm细软裸铜线在绳索的试验位置缠绕3~5圈作为试验电极，试验电极与金属滑轮间绳索的长度为0.5m；绳索自由端配重为5kg，以保持绳索的平直。当电压达到105kV时，绳索无击穿、无闪络及无明显发热，则试验通过。

3. 绝缘绳索类工具电气试验

试验方法及要求同绝缘杆。

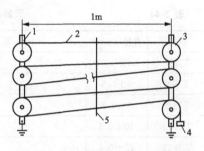

图2-36　绝缘绳工频干闪试验布置图

1—试验架；2—绝缘绳；3—金属滑轮；

4—配重；5—高压试验电极

4. 绝缘绳索类工具静拉力试验

人身、导线绝缘保险绳的抗拉性能应在表2-42的所列数值下持续5min，无变形、无损伤为合格。

表2-42　　　　人身、导线绝缘保险绳的抗拉性能

名称	静拉力（kN）
人身绝缘保险绳	4.4
240mm² 及以下单导线绝缘保险绳	20
400mm² 及以下单导线绝缘保险绳	30
2×300mm² 及以下双分裂导线绝缘保险绳	60
2×630mm² 及以下双分裂导线绝缘保险绳	60
4×400mm² 及以下四分裂导线绝缘保险绳	60
4×720mm² 及以下四分裂导线绝缘保险绳	110
4×1000mm² 及以下四分裂导线绝缘保险绳	180
6×900mm² 及以下六分裂导线绝缘保险绳	300
6×1000mm² 及以下六分裂导线绝缘保险绳	300
6×1250mm² 及以下六分裂导线绝缘保险绳	400
8×500mm² 及以下八分裂导线绝缘保险绳	300
8×630mm² 及以下八分裂导线绝缘保险绳	400

四、带电作业用绝缘索相关要求

GB/T 13035—2008《带电作业用绝缘绳索》对绝缘绳索技术要求进行了规定。

1. 电气性能要求

常规型绝缘绳索电气性能应符合表 2-43 规定。

表 2-43 常规型绝缘绳索电气性能

试验项目	试品有效长度（m）	电气性能要求
高湿度（90%RH、20℃、24h）施加 100kV 下交流泄漏电流	0.5	不大于 300μA
工频干闪电压	0.5	不小于 170kV

2. 机械性能要求

常规强度天然纤维绝缘绳索机械性能要求见表 2-44。

表 2-44 天然纤维绝缘绳索机械性能要求

规格	直径（mm）	伸长率（不大于）（%）	断裂强度（不小于）（kN）
TJS-4	4±0.2	20	2.0
TJS-6	6±0.3	20	4.0
TJS-8	8±0.3	20	6.2
TJS-10	10±0.3	35	8.3
TJS-12	12±0.4	35	11.2
TJS-14	14±0.4	35	14.4
TJS-16	16±0.4	35	18.0
TJS-18	18±0.5	44	22.5
TJS-20	20±0.5	44	27.0
TJS-22	22±0.5	44	32.4
TJS-24	24±0.5	44	37.3

符号含义：T—天然纤维；J—绝缘；S—绳索。

3. 工艺要求

绳索各股中丝线不应有叠痕、凸起、压伤、背股、抽筋等缺陷。

(1) 股绳和股线的捻距应均匀。

(2) 彩色绝缘绳索应色彩均匀一致。

(3) 经防潮处理后的绝缘绳索表面应无油渍、污迹、脱皮等。

第三十节 软　　梯

软梯是用于高空作业攀登的工具；绝缘软梯是用于有绝缘要求场合的登高作业工具；带电作业用绝缘软梯是由绝缘绳和绝缘管组成的用于带电作业的登高作业工具。

一、预防性试验项目和周期

软梯预防性试验项目为静负荷试验和电气性能试验（绝缘软梯/带电作业用绝缘软梯），试验周期为 12 个月。

二、试验设备

同带电作业用绝缘托瓶架。

三、试验方法及要求

1. 外观

（1）产品名称、型号规格、生产厂名、生产日期等标识应清晰完整。

（2）绳索应无灼伤、断股、散股、霉变或严重磨损。编织结构的绳索直径不应小于 10mm；绳扣接头应采用镶嵌方式，接头应紧密匀称，长度不应小于 240mm。捻合结构的绳索应连续而无捻接；绳扣接头的每绳股应连续镶嵌 5 道，末端应用丝线绑扎牢固。绝缘软梯的绝缘绳索应无油渍、污迹等。环形绳与边绳的连接应牢固。

（3）踏档表面应无裂纹、开裂、老化及明显的机械或电灼伤痕，踏档应固定牢固、无滑移现象。绝缘软梯的踏档应采用绝缘材料制作。上下相邻踏档的中心间距不应大于 360mm。

（4）软梯环眼心形环与软梯头的金属部件不应有裂纹、变形和严重磨损、腐蚀。

（5）软梯头的轮组应转动灵活，无卡阻现象。

（6）金属连接器及软梯头的保险装置完好。

2. 软梯边绳静负荷试验

在软梯两条边绳的两端分别装置平衡联板，见图 2-37，保持软梯宽度及两边绳均衡受力。以 100mm/min±5mm/min 的速率加载负荷至 4.9kN，保持 5min。边绳不应出现断股或断绳现象。

3. 软梯踏档静负荷试验

在软梯两条边绳的一端装平衡联板，见图 2-38，选择一踏档，在踏档中间加载，负荷施加的宽度为 100mm±2mm，以 100mm/min±5mm/min 的速率加载负荷至 1.5kN，保持 5min。每副软梯踏档试验不少于 2 处。软梯踏档不应出现明显的损坏和变形。

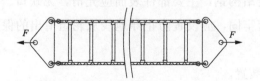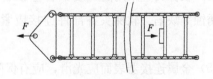

图 2-37　软梯边绳静负荷试验示意图　　　图 2-38　软梯踏档静负荷试验示意图

4. 软梯头踏档静负荷试验

将软梯头安装在导地线或同等规格的金属管上，见图 2-39，以 100mm/min

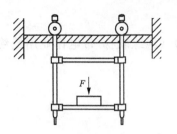

图 2-39　软梯头踏档静负荷试验示意图

±5mm/min 的速率加载负荷至 1.5kN，保持 5min。轮组不应出现变形卡阻，各部件不应产生永久性变形。

5. 电气性能试验

绝缘软梯交直流耐压试验应符合表 2-45、表 2-46 的规定。软梯耐压试验后，以无击穿、闪络及明显发热为合格。带电作业用绝缘软梯试验方法和要求同绝缘杆。

表 2-45　　　　　　　　　10～220kV 电压等级的交流耐压试验

额定电压（kV）	10	20	35	66	110	220
试验电极间距离（m）	0.4	0.5	0.6	0.7	1.0	1.8
1min 交流耐受电压（kV）	20	35	45	75	130	240

表 2-46　　　　　　　　　330kV 及以上电压等级的交直流耐压试验

额定电压（kV）	330	500	±500
试验电极间距离（m）	2.8	3.7	3.2
3min 交流耐受电压（kV）	340	530	520*

* 直流耐压试验的加压值。

四、软梯（绝缘软梯）相关要求

DL/T 1659—2016《电力作业用软梯技术要求》对软梯技术要求进行了规定。

绝缘软梯的边绳及环形绳应采用绝缘纤维材料。

1. 一般要求

（1）编织结构环形绳与边绳包箍连接点应平顺、牢固；股线连接接头应牢固，嵌入编织层内。捻合结构绳索和绳股应紧密绞合；绳股及各股中丝线应无叠痕、凸起、压伤等缺陷；绳索应由绳股以"Z"向捻合成，绳股本身为"S"捻向；绳股和线股的捻距应均匀。

（2）踏档两端管口应呈 R1.5 圆弧状。圆管踏档外径不小于 22mm，长度为 300mm±10mm。

（3）软梯环眼应配置钢材心形环，边缘应呈圆弧状，表面镀锌层应均匀。

（4）软梯头宜采用高强度铝合金或合金结构钢，主要部件表面应光滑，无缺口、裂纹、锈蚀等缺陷。软梯头各部件连接应紧密牢固，应设置防止导地线从轮组滑出的保险装置。

（5）金属连接器表面应光滑，应有保险装置。

2. 基本性能要求

（1）标识进行耐久性试验，应无模糊或丢失。

（2）软梯边绳进行静负荷试验，不应出现断股或断绳现象。

（3）软梯踏档进行静负荷试验，不应出现损坏和变形。

（4）软梯头踏档和整体进行静负荷试验，轮组不应变形卡阻，各部件不应产生永久性变形。

（5）软梯头进行整体动负荷试验，应在导地线上移动灵活，无卡阻现象。

（6）软梯金属件进行耐腐蚀性能试验，表面应无红锈或其他腐蚀痕迹，但允许有白斑。

（7）复合材料类踏档进行紫外灯老化性能试验，应无龟裂。

（8）绝缘软梯进行电气性能试验，不应出现击穿、闪络及发热现象。

第三十一节　带电作业用提线工具

带电作业用提线工具是用来取代直线绝缘子串所承受导线机械负荷和电气绝缘强度、进行提吊导线作业的工具。其两端具有金属挂具，有长度调整机构，中间为绝缘部件。

一、预防性试验项目和周期

提线工具预防性试验项目为机械试验（静负荷试验）和电气试验（交直流耐压和操作冲击耐压试验），试验周期为 12 个月。

二、试验设备

同带电作业用绝缘托瓶架。

三、试验方法及要求

1. 外观及尺寸

（1）产品名称、型号、额定负荷、制造厂、出厂日期及带电作业用双三角符号等标识应清晰完整。

（2）各部件表面光滑；金属件无裂纹、变形和严重锈蚀；螺纹螺杆不应有明显磨损；绝缘板（棒、管）材无气孔、开裂、缺损，绝缘绳索无断股、霉变、脆裂等缺陷。

（3）各部件组装应配合紧密，调节螺杆、换向装置转动灵活，连接销轴牢固，保险可靠。

（4）最小有效绝缘长度应符合表 2-47 的规定。

表 2-47　　　　　　　　　　提线工具最小有效绝缘长度

电压等级（kV）	110	220	330	500	750	±500
最小有效绝缘长度（mm）	1000	1800	2800	3700	5000	3200

2. 机械试验

将提线工具安装在拉力机上，加载速度应均匀缓慢上升，不允许冲击性加载。在 1.25 倍额定负荷下保持 5min，卸载后，各部件应无明显变形、裂纹和损伤等缺陷。

3. 电气试验

试验方法和要求同绝缘杆。

四、提线工具相关要求

GB/T 15632—2008《带电作业用提线工具通用技术条件》对提线工具技术要求进行了规定。

1. 一般要求

提线工具两端的金属附件应作镀铬等表面防腐处理；绝缘层压类材料制件各接口内孔接缝处应采用高强度绝缘粘接胶填实，表面涂绝缘漆。各部件表面应规则平整，应倒圆弧，不得有尖锐棱角。

2. 电气性能要求

电气性能应符合表 2-48 和表 2-49 规定。

表 2-48   110～220kV 提线工具电气性能

额定电压（kV）	试验长度（mm）	工频耐受电压	
		电压值（kV）	时间（min）
110	1000	250	1
220	1800	450	1

表 2-49   330～750kV 提线工具电气性能

额定电压（kV）	试验长度（mm）	5min 工频耐受电压值（kV）	5min 直流耐受电压值（kV）	操作冲击耐受电压值（kV）
330	2800	420	—	950
500	3700	640	—	1175
750	4700	860	—	1425
±500	3200	—	622	1050

3. 机械性能要求

提线工具级别包括 5、10、15、20、25、30、35、40、45、50kN 等额定负荷，抗拉静负荷为 2.5 倍、抗拉动负荷为 1.5 倍、破坏负荷不小于 3 倍额定负荷。

4. 质量要求

提线工具分解后的单件重不得超过 10kg。

5. 导线接触面要求

与导线接触面的部位应镶有橡胶材质的衬垫。

第三十二节 脚 扣

脚扣是用钢或合金材料制作的攀登电杆的工具，按结构形式分为可调式和固定式。

一、预防性试验项目和周期

脚扣预防性试验项目为脚扣静负荷和脚带静负荷试验，试验周期为 12 个月。

二、试验设备

（1）拉力试验机量程不应小于 5kN（脚带试验 1kN）；

（2）测试杆：符合 GB/T 4623—2014《环形混凝土电杆》规定的等径电杆截取段或符合相关标准要求的模拟电杆。

三、试验方法及要求

1. 外观

（1）名称及标记、标准号、制造厂名称、生产日期等标识应清晰完整。

（2）金属件应无严重变形、磨损、裂纹及腐蚀，焊缝应无开裂。

（3）防滑块与小爪钢板、围杆钩连接应牢固，覆盖完整，无严重磨损、脱落及破损。

（4）可调式脚扣围杆钩在扣体内应滑动灵活，无卡阻；限位装置可靠。

（5）小爪应连接牢固，活动灵活；连接螺栓应进行防松处理。

（6）脚带带体应无裂缝、霉变、严重磨损及变形，端头无散丝；扣合处应无明显松脱。

2. 脚扣静负荷试验

试验见图 2-40，将脚扣安装在相应的测试杆上，以 100mm/min±5mm/min 速率在踏板上施加负荷至 1176N，保持 5min。加载时，脚扣不应滑脱，小爪钢板、围杆钩金属部分不得触及测试杆。脚扣未变形损伤为合格。加载方式也可采用 120kg 砝码配重。

3. 脚带静负荷试验

试验见图 2-41，将脚带按使用方式扣合后，安装在两根直径 ϕ20 的试验机夹具上，加载负荷至 90N，保持 5min。脚带未变形损伤为合格。

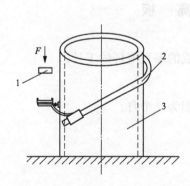

图 2-40　脚扣静负荷试验示意图

1—压板；2—脚扣；3—测试杆

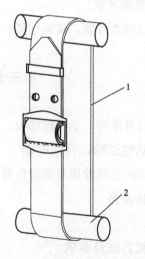

图 2-41　脚带静负荷试验示意图

1—脚带；2—夹具

四、脚扣相关要求

DL/T 1642—2016《环形混凝土电杆用脚扣》对脚扣技术要求进行了规定。

1. 一般要求

脚扣围杆钩和扣体宜采用高强无缝管材；金属材料应经防腐处理。

（1）各部件表面应无毛刺和锋利边缘等；焊接部位应无裂纹、气孔、夹渣等缺陷。

（2）踏板表面应防滑处理，长度不应小于 130mm、宽度不应小于 100mm、厚度不应小于 2mm。

（3）脚带应整根无缝接，宽度不应小于 20mm、厚度不应小于 2mm。

（4）围杆钩防滑块的固定件不应高出防滑块表面，防滑块宽度不应小于围杆钩宽度、厚度不应小于 8mm。

2. 基本性能要求

标识进行耐久性试验，应无模糊或丢失。

（1）脚扣进行静态性能试验，应无明显可视变形，横向永久变形率不应大于 2%，滑移量不应大于 150mm。

（2）脚扣进行疲劳性能试验，金属件应无变形、裂纹及破坏，焊接处无开裂，防滑块无脱落等。

（3）脚扣进行模拟性能试验，围杆钩、小爪应与测试杆紧密接触，不应有突然下滑的现象，脚扣应无变形。

（4）脚带进行静负荷试验，不应出现脚带撕裂和脱落、金属件变形等现象。

（5）防滑块进行耐磨性能试验，相对体积磨耗量不应大于 150mm³。

（6）金属件进行耐腐蚀性能试验，表面应无红锈或其他腐蚀痕迹，但允许有白斑。

3. 特殊性能要求

分别进行浸水性能、高温性能、低温性能试验，应满足脚扣的静态性能要求。

第三十三节　登　高　板

登高板（升降板）是由脚踏板、吊绳及挂钩组成的攀登电杆的工具。

一、预防性试验项目和周期

登高板预防性试验项目为静负荷试验，试验周期为 6 个月。

二、试验设备

同脚扣。

三、试验方法及要求

1. 外观

（1）名称及标记、标准号、制造厂名称及生产日期等标识应清晰完整。

（2）金属钩不应有裂纹、变形和严重磨损、锈蚀，环眼支架完好无损。

（3）围杆绳应无灼伤、断股、散股、霉变或严重磨损。

（4）踏板应有防滑花纹，裂纹长不应大于 150mm，深不应大于 10mm。

（5）绳扣接头每绳股连续编花不应少于 4 道，绳扣与踏板间应套接紧密。

2. 静负荷试验

静负荷试验示意图见图 2-42，将登高板安装在测试杆上。在踏板中心以 100mm/min±5mm/min 的速度加载负荷至 2205N，保持 5min；登高板应无变形损伤。

四、登高板相关要求

DL/T 1643—2016《电杆用登高板》对登高板技术要求进行了规定。

1. 一般要求

登高板各部件表面应无毛刺和锋利边缘。

（1）金属钩不应采用焊接。

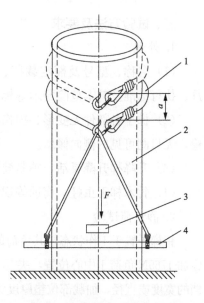

图 2-42 静负荷试验示意图
1—围杆绳；2—测试杆；3—压板；4—踏板

（2）围杆绳应采用整根，不应有接头，直径不应小于 18mm。形成的环眼内应有塑料或金属支架，下部有插花。

（3）踏板应采用硬质材料，长度不应小于 640mm，宽度不应小于 80mm，厚度不应小于 25mm；表面采用刻压式防滑条纹时，其深度不应大于 3mm。

2. 基本性能要求

标识进行耐久性试验，应无模糊或丢失。

（1）进行静态性能试验，金属钩永久变形率不应大于 2%，登高板滑移量不应大于 150mm，不应产生围杆绳断股及踏板开裂等现象。

（2）进行模拟性能试验，不应有突然下滑的现象，金属钩应无变形，不应产生围杆绳断股及踏板开裂等现象。

3. 特殊性能要求

分别进行浸水性能、高温性能、低温性能试验，应满足登高板静态性能的要求。

第三十四节 便携式梯子

便携式梯子是包含有踏棍或踏板、可供人上下的装置；按材料分为竹（木）梯、铝合金梯及复合材料梯。

一、预防性试验项目和周期

梯子预防性试验项目为静负荷试验，试验周期为 12 个月［竹（木）梯为 6 个月］。

二、试验设备

梯具试验机 1 台。

三、试验方法及要求

1. 外观

（1）名称、型号及额定载荷、梯子长度、最高站立平面高度、制造者名称、制造年月、执行标准及基本危险警示等标识完整清晰。

（2）梯子各部件无变形、损伤，踏档与梯梁连接牢固；梯脚防滑良好；梯子竖立后平稳，无目测可见的侧向倾斜。

（3）升降梯升降灵活，锁紧装置可靠；折梯铰链牢固，开闭灵活，无松动。

（4）竹木梯无虫蛀、腐蚀等现象。

2. 静负荷试验

将梯子置于工作状态，其负荷的作用位置及方向应与实际使用时相同。对经常站立档，施加 1765N 负荷于中心位置，夹具与踏档的接触长度为 100mm±2mm，夹具宽度应大于踏档的宽度或直径，加载部位垫厚度为 3～5mm 的橡胶垫均匀分布负荷。加载时负荷应均匀缓慢上升，不允许冲击性加载，保持 5min，卸载后梯子各部件应无永久性变形和损伤。

四、便携式梯子相关要求

（一）GB 7059—2007《便携式木梯安全要求》对木梯的技术要求

1. 一般要求

选用的木材应干燥良好，含水率不大于 15%。

（1）窄面不应有节子，梯框宽面允许有直径小于 13mm 节子，踏板宽面节子直径不应大于 6mm，踏棍不应有直径大于 3mm 节子。干燥细裂纹长不应大于 150mm，深不应大于 10mm。梯框和踏档连接的受剪切面及其附近不应有裂缝。

（2）木材应加工平整，去除棱角和毛刺。

（3）金属配件应选用耐腐蚀材料制造或进行防腐蚀处理。

（4）相邻踏档中心间距不应大于 350mm。

（5）当使用梯脚及其他防滑装置时，应以螺钉、钉子等将其固定于梯框上。

2. 单梯结构要求

与额定荷载 90、100、110、135kg 对应的单梯长度为 2.5～4.2、2.5～6.0、2.5～9.0、2.5～9.0m。

（1）长度 3m 及以下梯子，梯框间内侧净宽度不应小于 280mm。

（2）梯框间踏棍长小于 610mm 时，踏棍直径不应小于 28mm。

（3）可采用钢丝、钢筋或钢板固定在梯框上对梯子进行加强。

（4）可在梯子顶端处安装挂钩。

3. 折梯结构要求

与额定载荷 90、100、110、135kg 对应的折梯长度为 0.9～2.0、0.9～3.6、0.9～6.0、0.9～6.0m。

（1）双面折梯张开到工作位置时倾角不应大于 77°。

（2）底部踏板应在每一端带有金属角撑，角撑应用铆钉固定在踏板和梯框上。

（3）应有金属撑杆或锁定装置，撑杆距底部支撑面高度不应大于 2m。

4. 使用要求

单梯及单面折梯单人单侧使用。双面折梯单人每侧分别使用。

（1）折梯不应作为单梯或合拢状态使用。使用者不应踏在高于梯子标明的最高站立平面以上的踏档上。单梯应与水平面倾斜 75°架设。

（2）上下梯子时，使用者应面向梯子并始终保持与梯子双手和双脚中的三点接触。不应将单梯连接或固定在一起以加大工作长度。

（3）当使用梯子进入高处平面时，梯子应延伸到进入平面上方 1m。

（4）架设折梯时应确保梯子完全张开，撑杆锁定。

（5）当有人在梯子上时，不应挪动梯子进行重新定位。

（6）梯子应存放在专用支架上，支架有足够的支撑点避免梯子受重力作用弯曲下垂。

5. 标志

梯子最高站立平面处应有永久性危险警示标志"危险：不要站在此踏棍及以上位置"。

（1）单梯标志应位于右梯框内侧，当第二高踏棍距顶端为 600mm 或以上时，靠近并用箭头指向第二高踏棍，当第二高踏棍距顶端不足 600mm 时，靠近并用箭头指向第三高踏棍。

（2）折梯顶帽下第一级踏板距顶帽 450mm 及以下时，标志应在该踏板处右侧梯框内侧。

（二）GB 12142—2007《便携式金属梯安全要求》对金属梯的技术要求

1. 一般要求

应采用耐腐蚀材料制造或进行防腐蚀处理。

（1）金属表面应避免有锐边、毛刺等。

（2）焊接处应无咬边、裂纹及可见的表面气孔。

（3）踏档与梯框应采用刚性连接。

（4）踏档上表面应加工成凹凸波纹形、锯齿形、压花的防滑表面或采用防滑材料涂层。

2. 延伸梯和单梯结构要求

与额定载荷 90、100、110、135kg 对应的梯段长度为 2~5、2~7、2~9、2~9m。

（1）两节或三节梯段组成的延伸梯子总长度不应大于 18m。

（2）延伸梯应装有强制限位器以实现规定的搭接量，不应仅靠滑轮定位来限制搭接量。

（3）底段应有防滑梯脚固定在梯框底部或有相应等效的防滑措施。

（4）延伸梯可装有与梯子连接的绳索与滑轮，绳索直径不小于 8mm、破断力不小于 2490N。

3. 折梯结构要求

与额定载荷 90、100、110、135kg 对应的折梯长度为 0.9~2、0.9~4、0.9~6、0.9~6m。

（1）梯框与踏档水平夹角不应大于 87°。

（2）踏板折梯（单面梯）张开到工作位置时前梯段倾角不应大于 73°，后部倾角不应大于 80°。

4. 组合梯结构要求

与额定载荷 90、100、110、135kg 对应的组合梯梯段长度为 1.2～2、1.2～3、1.2～3、1.2～3m。

（1）当组合梯用作延伸梯用时，应有可靠的装置定位及锁定。

（2）当梯框外表面未采用非金属材料包覆时，在组合梯每侧梯框上端应装有端帽。

（三）DL/T 1209.1—2013《变电站登高作业及防护器材技术要求　第 1 部分：抱杆梯、梯具、梯台及过桥》对复合材料梯的技术要求

（1）复合材料构件表面应光滑，应无气泡、皱纹、裂纹、绝缘层脱落、明显的机械或电灼伤痕。

（2）金属材料表面应光滑、平整，棱边应倒圆弧、不应有尖锐棱角，应进行防腐处理。

（3）牵引绳索宜采用非导电材料，应无灼伤、断股、霉变和扭结等。

（4）延伸梯的升降锁止机构应开启灵活、定位准确、锁止牢固，且不应损伤横档。

（5）折梯应具有防过度开张的限位装置。

（6）梯子最高安全站立踏档应采用醒目的警示文字或警示色（红色）标注。

（7）上部端口应采用金属材料包裹或嵌入具有相等防腐性能的端帽，下部与地面接触的支脚应具有良好的防滑功能，防滑装置宜采用内嵌外包式结构。

（8）梯子应具有足够的机械强度、电气强度、稳定性能、良好的抗老化性，应能承受使用中可能出现的机械载荷，并能经受设计的工作电压、工作温度及环境条件等的各种考验。

（9）梯子宜在制造商规定的期限内使用，使用期限宜不超过 5 年，5 年后每半年进行一次预防性试验，试验合格后方可使用。

第三十五节　快装脚手架

快装脚手架是指整体结构采用"积木式"组合设计、构件标准化且采用复合材料制作，不需任何安装工具，可在短时间内徒手搭建的一种高空作业平台。

一、预防性试验项目和周期

快装脚手架预防性试验项目为机械试验（平台强度和踏档强度试验）及电气试验，试验周期为 12 个月。

二、试验设备

交直流耐压试验装置各 1 套及配重若干。

三、试验方法及要求

1. 外观

（1）产品名称、型号、额定工作载荷（含单层和整体额定工作载荷）、允许电压等级、作业面离最低支撑面的垂直高度（分层标注）、外形尺寸（长、宽、高）、制造商名称、生产日期、安全警示、安装简要说明等标识完整清晰。

（2）构件表面应光滑，绝缘部分应无气泡、皱纹、裂纹、绝缘层脱落、明显的机械或电灼伤痕，纤维布与树脂间黏接完好。

（3）金属材料零件表面应光滑、平整，无变形、开裂及严重腐蚀。

（4）顶层作业平台的防护栏、挡脚板及安全带或防坠器的悬挂装置应完好；供作业人员站立、攀登的作业面应具有防滑功能。

（5）底脚和外支撑杆应能调节高低，轮脚应具有刹车功能，支撑脚底部应有防滑功能。所有定位锁止机构应开启灵活、定位准确、锁止牢固。

2. 机械试验

（1）平台强度试验。按说明书要求安装脚手架，若只有单层作业平台，只对该层进行平台强度试验；若具有多层作业平台，仅对最高层进行平台强度试验。在作业平台板中心位置施加 1.0 倍额定工作载荷，持续 5min，卸载后，脚手架构件、平台板或连接件应无明显损坏和变形，试验布置见图 2-43。

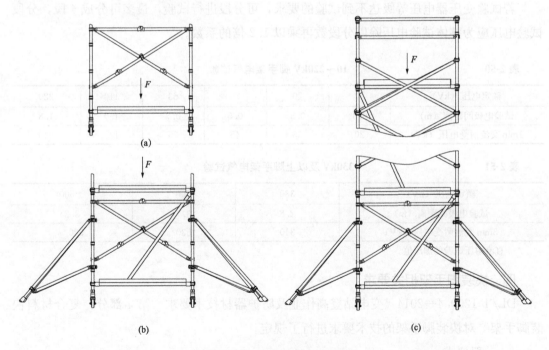

图 2-43　平台强度试验布置图

(a) 第一层作业平台测试；(b) 第二层作业平台测试；(c) 最高层作业平台测试

（2）踏档强度试验。将爬梯以工作角度放置，对其爬梯踏档中间平稳施加 120kg 载荷，持续 5min，负荷施加的宽度为 100mm，卸载后各构件不应发生永久变形或损伤，试验布置见图 2-44。

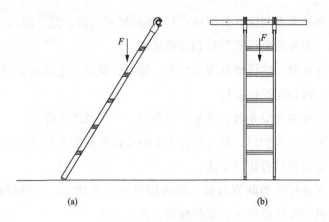

图 2-44　踏档强度试验布置图

(a) 左视图；(b) 正视图

3. 电气试验

随机选取一段脚手架立杆，按表 2-50 和表 2-51 的规定进行交直流耐压试验；以无闪络、击穿及明显发热为合格。

若试验变压器电压等级达不到试验的要求，可分段进行试验，最多可分成 4 段，分段试验电压应为整体试验电压除以分段数再乘以 1.2 倍的系数。

表 2-50　　　　　　　　　10～220kV 脚手架电气试验

额定电压（kV）	10	20	35	63	110	220
试验电极间距离（m）	0.4	0.5	0.6	0.7	1.0	1.8
1min 交流耐受电压（kV）	20	35	45	75	130	240

表 2-51　　　　　　　　　330kV 及以上脚手架电气试验

额定电压（kV）	330	500	±500
试验电极间距离（m）	2.8	3.7	3.2
3min 交流耐受电压（kV）	340	530	520*

* 直流耐压试验的加压值。

四、快装脚手架相关要求

DL/T 1209.4—2014《变电站登高作业及防护器材技术要求　第 4 部分：复合材料快装脚手架》对快装脚手架的技术要求进行了规定。

1. 一般要求

脚手架的主构件宜选用复合材料；金属零件宜采用强度高、比重小金属材料。

（1）金属材料应进行防腐处理，铝合金宜采用表面阳极氧化处理，黑色金属宜采用镀锌处理。

（2）具有多层的快装脚手架其内部应设置用于越层攀爬的爬梯；层间高度设置应合理（推荐高度 1.8～1.9m）。

（3）顶层作业平台应设置1050～1200mm高的防护栏，应配置180mm±5mm的挡脚板，应配置安全带或防坠器的悬挂装置。

（4）开启作业平台板的踏板，应设置防止意外关闭的机构。

（5）上部端口应采用金属材料包裹或嵌入具有相等防腐性能的端帽。

（6）除整体式脚手架底座外单个组件的重量不应超过25kg。

2. 机械性能要求

单层额定工作载荷不应小于200kg，整体承受最大额定工作载荷由厂家明示。

3. 老化性能要求

应通过低温冲击、湿热交变老化、紫外灯老化和耐盐雾性能等试验。

4. 电气性能要求

应通过交直流耐压试验。

第三十六节 检 修 平 台

检修平台是用于在变电站检修时的登高及防护装置。按功能分为拆卸型（固定于构架类设备基座上，分为单柱型、平台板型、梯台型）和升降型（用于一人或数人登高、站立、具有升降功能的作业平台，分为可放倒型和不可放倒型）。

一、预防性试验项目和周期

检修平台预防性试验项目为机械试验（拆卸型为平台强度、悬挂装置强度、踏档强度试验；升降型为踏档强度和动载荷试验）及电气试验（交直流耐压试验）。试验周期均为12个月。

二、试验设备

同快装脚手架。

三、试验方法及要求

1. 外观

（1）产品名称、型号、允许工作载荷、允许电压等级、制造商名称、生产日期、净重、安全警示、安装简要说明、电动机功率（如有）等标识完整清晰。

（2）构件绝缘部分应无气泡、皱纹、裂纹、绝缘层脱落、明显的机械或电灼伤痕；金属材料表面应光滑，无变形、开裂及严重腐蚀；防护栏及坠落悬挂装置应完好。

（3）升降型检修平台的牵引绳索应无灼伤、断股、霉变和扭结现象；升降锁止装置应开启灵活、定位准确、锁止牢固且不损伤横档；所有作业面应具有防滑功能。

（4）升降型检修平台底部的脚轮应有刹车功能，外支撑应能灵活开闭并牢固定位。

2. 机械试验

（1）平台强度试验。将平台板型、梯台型检修平台按说明书要求安装在合适的试验架上，置于工作状态。在作业面施加 1.2 倍额定工作载荷，持续 5min，卸载前、后检修平台不应发生倒塌、主构件断裂、作业面开裂或连接件破裂等情况，试验布置见图 2-45。

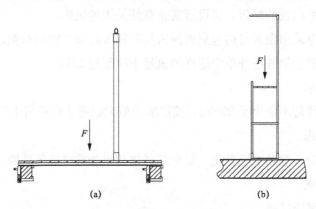

图 2-45　平台强度试验布置图

(a) 平台板型；(b) 梯台型

(2) 悬挂装置强度试验。将检修平台按说明书要求安装在合适的试验架上，置于工作状态。在安全带或防坠器的悬挂装置上悬挂 1.2 倍额定工作载荷的重物，持续 5min，悬挂装置不应发生明显倾斜（倾斜度≤30°）、开裂、弯折等情况，试验布置见图 2-46。

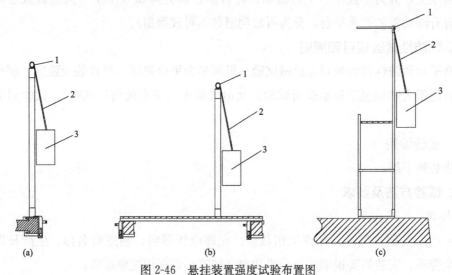

图 2-46　悬挂装置强度试验布置图

(a) 单柱型；(b) 平台板型；(c) 梯台型

1—悬挂点或悬挂装置；2—连接绳；3—重物

(3) 踏档强度试验。将梯台型检修平台或升降型检修平台按说明书要求安装，置于工作状态（升降型检修平台上升至最高位置）。在平台踏档中间施加 120kg 工作载荷，持续 5min，负荷施加的宽度为 100mm，卸载后各构件不应发生永久变形或损伤，试验布置见图 2-47。

(4) 动载荷试验。

1) 将不可放倒型检修平台按说明书置于预工作状态，在作业面中心上施加 1.0 倍额定工作载荷的重块，按最大行程连续升降 3 次，升降过程中不应出现锁止装置失效、升降系统卡阻等现象，卸载后不应发生整体侧向倾斜、各构件及零件永久变形、开裂等情况。试验布置见图 2-48。

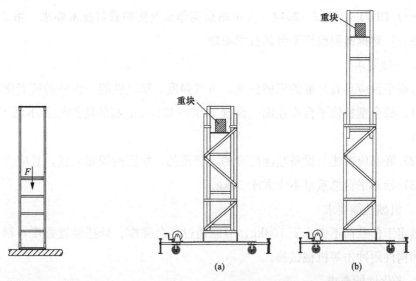

图 2-47　踏档强度试验布置图

图 2-48　不可放倒型检修平台动载荷试验布置图
(a) 预工作状态；(b) 最高工作状态

2) 将可放倒型检修平台按说明书要求置于预工作状态，先将主体部分竖直，再在作业面中心上施加 1.0 倍额定工作载荷的重块，按最大行程升降 1 次，卸载后将主体部分翻倒至水平状态，连续上述步骤 3 次后，升降及翻倒过程中不应出现锁止装置失效、升降系统卡阻等现象，卸载后不应发生整体侧向倾斜、各构件及零件永久变形、开裂等情况，试验布置见图 2-49。

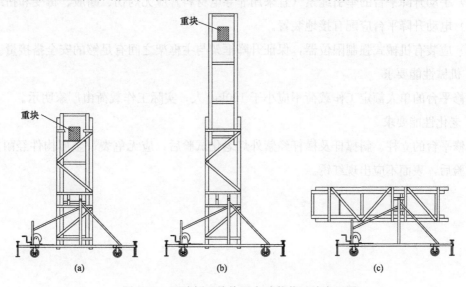

图 2-49　可放倒型检修平台动载荷试验布置图
(a) 预工作状态；(b) 最高工作状态；(c) 水平状态

3. 电气试验

同快装脚手架。

四、检修平台相关要求

（一）DL/T 1209.2—2014《变电站登高作业及防护器材技术要求　第2部分：拆卸型检修平台》对拆卸型检修平台的技术要求

1. 一般要求

检修平台应具有足够的机械强度、电气强度、稳定性能、良好的抗老化性能。

（1）梯台型检修平台作业面应设置1050～1200mm高的防护栏和不低于1m的坠落悬挂装置。

（2）底部应有能与设备基座配套的、轻便的、牢固的锁紧装置，且应方便装卸。

（3）检修平台总重量不应大于25kg。

2. 机械性能要求

额定工作载荷不应小于100kg，应能通过平台强度、悬挂装置强度、踏档强度、坠落冲击和构件耐冲击等机械试验。

3. 老化性能要求

应通过紫外灯老化、耐盐雾性能、低温冲击、湿热交变老化等试验。

（二）DL/T 1209.3—2014《变电站登高作业及防护器材技术要求　第3部分：升降型检修平台》对升降型检修平台的技术要求

1. 一般要求

拆卸型检修平台按动力类型分为手动升降平台和电动升降平台。

（1）手动升降平台的牵引绳索（宜采用非导电材料）应无灼伤、断股、霉变和扭结。

（2）电动升降平台应配有接地装置。

（3）应装有机械式强制限位器，保证升降框架与主框架之间有足够的安全搭接量。

2. 机械性能要求

检修平台的单人额定工作载荷不应小于100kg/人，实际工作载荷由厂家明示。

3. 老化性能要求

检修平台的立柱、斜撑杆及横杆经紫外灯老化试验后，应无龟裂；金属构件经耐盐雾性能试验后，表面不应出现红锈。

第三章 小型施工机具预防性试验

小型施工机具指是电力建设和维护中不可或缺的作业机具，包括小型起重工器具和线路施工机具。

小型起重工器具指可依靠人力提升物体的起重器具及其附件，包括手拉（扳）葫芦、千斤顶、抱杆、吊钩（环）、卸扣、滑车、钢丝绳（套）、纤维绳、吊装带等。

线路施工机具用于放线、紧线等作业，包括棘轮紧线器、双钩紧线器、网套连接器、旋转连接器、抗弯连接器、卡线器、绝缘子卡具、机动绞磨等。

第一节 手拉（扳）葫芦

手拉葫芦是以焊接环链作为挠性承载件的起重工具，手扳葫芦是由人力通过手柄扳动钢丝绳或链条来带动取物装置运动的起重葫芦。

一、预防性试验项目和周期

手拉（扳）葫芦预防性试验项目为空载试验和静负荷试验，试验周期为 12 个月。

二、试验设备

（1）卧式拉力试验机 1 台。

（2）净高不低于 2m 的金属支架（或吊钩）1 副。

三、试验方法及要求

1. 外观

（1）产品名称、型号、额定起重量、起升高度、制造厂名称、制造日期等标识完整清晰。

（2）各部件不应有影响使用和外观的伤痕、毛刺、裂纹、变形和腐蚀等缺陷。

（3）链节应有尾环限制装置，活动部件应灵活、润滑良好。

2. 空载试验

（1）手拉葫芦空载性能检查。将手拉葫芦悬挂在支架（或吊钩）上，在空载状态下，拉动手拉链条，各机构运转灵活，不应有卡阻或时松时紧的现象。

（2）手扳葫芦空载性能检查。手扳葫芦在空载状态下，扳动手柄，各机构运转灵活，不应有卡阻或时松时紧的现象。脱开离合装置，用手拽动链条应轻便灵活。

3. 静负荷试验

用夹具将葫芦装在试验机上，与吊钩连接处的夹具直径约为钩腔直径的 1/3，下吊钩应处于起升高度的 50%～80% 处。

缓慢加载至额定起重量的 1.25 倍（新安装或大修后）或 1.1 倍（例行试验），保持 10min，加载力值应不下降。卸载后，再进行空载动作检查，无异常者为合格。

四、手拉（扳）葫芦相关要求

（一）JB/T 7334—2016《手拉葫芦》对手拉葫芦的技术要求

使用环境温度为 $-10\sim50℃$。

1. 性能

（1）做轻载性能试验时，应按 $3\%G_N$（额定起重量）试验载荷加载，并按表 3-1 规定的起升高度起升和下降各一次，载荷升降应正常，制动器动作应可靠。

表 3-1 手拉葫芦轻载性能起升高度

起重链条行数	1	2	3	4	5	6	8	9	10	11
试验起升高度（mm）	300	150	100	75	60	50	38	34	30	28

注 起重链条行数大于 11 时，起升高度为 300 除以起重链条行数。

（2）做动载性能试验时，应按 $1.25G_N$ 试验载荷加载，并按表 3-1 规定的起升高度起升和下降各一次，起重链条与链轮/游轮、手拉链条与手链轮啮合应良好，齿轮副运转应平稳，起重链条应无扭结，手拉力应无很大变化，载荷应无下滑。

（3）按 $0.25G_N$、G_N、$1.25G_N$ 依次进行试验，制动器应工作正常。

（4）手拉力（匀速提升 G_N 时在手拉链条上所施加的拉力）应符合表 3-2 规定。

表 3-2 手拉葫芦手拉力

额定起重量（t）	0.25	0.5	1	1.6	2	2.5	3.2	5	8	10	16	20	32	40	50
手拉力（N）	200～550			250～550					300～550						

（5）吊挂 $1.1G_N$，按表 3-1 规定的起升高度，连续起升和下降 1500 次（升、停、降、停一个循环为一次），各部位不应有异常现象。

（6）通过松脱制动器使尾环限位装置处于工作状态，手拉葫芦应能承受 $2.5G_N$ 静载不破损。

（7）应能支持 $4G_N$ 静载 10min。

（8）起升高度不应小于规定值并不宜大于 12m。

2. 主要零部件

吊钩应能在水平面上作 360°回转，下吊钩应装设闭锁装置。

（1）手拉链条长度宜等于手拉葫芦起升高度，允许比起升高度短 200mm 以内；连接环可不焊接，力学性能应符合表 3-3 规定。

表 3-3　　　　　　　　　　　　　手拉链条力学性能

公称直径（mm）	极限工作载荷（kN）	破断载荷（不小于，kN）
3	0.7	2.8
4	1.25	5
5	2	8
6	2.8	11

（2）应配置导链和挡链装置，链条不应从链轮或游轮环槽中脱落。

（3）起重链轮和游轮应进行适当的热处理。

（4）制动器应为载荷自制式，摩擦片不应含有石棉成分。

（5）制动器、齿轮副均应装设防护罩。

3. 外观和涂装

各外露零部件不应有裂痕、伤痕、毛刺等缺陷。表面涂层应均匀、色泽一致。

4. 安全防护

手拉力小于表 3-2 规定值时，应装设限载保护装置；其限载值应在 $1.3 \sim 1.8 G_N$ 范围内。

（二）JB/T 7335—2016《环链手扳葫芦》对手扳葫芦的技术要求

1. 性能

（1）按表 3-4 做轻载性能试验，按表 3-5 起升高度起升和下降各一次，制动器动作应可靠。

表 3-4　　　　　　　　　　　　手扳葫芦轻载性能试验载荷

额定起重量（t）	0.25	0.5	0.8	1	1.6	2	3.2	5	6.3	9	12
试验载荷（kN）	0.2			0.3		0.5		0.8	1.1	1.5	2	2.5

表 3-5　　　　　　　　　　　　手扳葫芦轻载性能起升高度

起重链条行数	1	2	3	4
试验起升高度（mm）	300	150	100	75

注　当起重链条行数大于 4 时，起升高度为 300 除以起重链条行数。

（2）动载性能试验应按 $1.25 G_N$ 加载，按表 3-5 起升高度起升和下降各一次，起重链条与起重链轮/游轮、换向棘爪和棘轮啮合应良好，齿轮副运转平稳，起重链条无扭转和卡链现象，手柄手扳力无很大变化，制动器动作可靠。

（3）手扳力［提升 G_N 时距离扳手端部 50mm 处所加的扳动力（见图 3-1）］应符合表 3-6 规定。

表 3-6 手 扳 葫 芦 手 拉 力

额定起重量（t）	0.25	0.5	0.8	1	1.6	2	3.2	5	6.3	9	12
手扳力（N）	200～550				250～550				300～550		

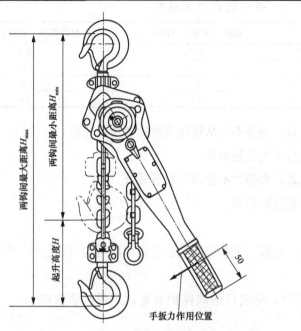
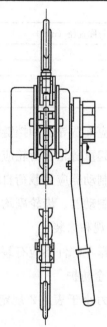

图 3-1 手扳葫芦结构图

2. 主要零部件

吊钩应装设闭锁装置。

3. 安全防护

手柄回弹弧长不应大于 150mm（见图 3-2），扳过回弹弧长时棘爪应与棘轮啮合可靠支持载荷。

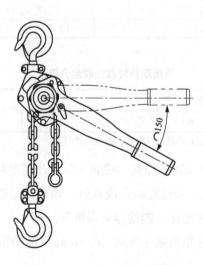

图 3-2 手扳葫芦手柄回弹弧长

第二节 千 斤 顶

千斤顶是通过承载面在其行程内顶升重物的轻小型起重设备,分为油压千斤顶和螺旋千斤顶。

一、预防性试验项目和周期

油压千斤顶预防性试验项目为限位检查和静负荷试验,螺旋千斤顶预防性试验项目为空载试验、限位检查、静负荷或负载动态试验。试验周期为 12 个月。

二、试验设备

千斤顶试验装置 1 套。

三、试验方法及要求

1. 外观

(1) 产品名称及型号、额定起重量、最低高度、起升高度及调整高度、制造厂名称、制造日期等标识完整清晰。

(2) 各部件完整、无缺失,无可见裂纹和残余变形,连接无松动。

(3) 顶重头承载面应有防止被顶物滑动的压花或沟槽。

(4) 油压千斤顶无漏油现象,对带有调整螺杆的油压千斤顶,用手旋动调整螺杆应灵活自如,限位可靠;螺旋千斤顶螺杆润滑良好,螺纹磨损不应超过 20%。

2. 空载试验

在空载状态下操作螺旋千斤顶,各运转机构应灵活可靠;在全程范围内应无时松时紧现象。

3. 限位检查

(1) 关闭油压千斤顶回油阀,操作手柄,活塞杆上升应平稳,直至限位装置起作用;开启回油阀,活塞杆下降至复位。自动限位装置应可靠,多级活塞杆千斤顶限位标志应清晰可见。

(2) 普通型螺旋千斤顶的限位标志应清晰可见。

(3) 剪式螺旋千斤顶在最大起升高度位置(空载状态),在手柄上施加 270N 的操作力,应保证限位不失效。

4. 静负荷试验

千斤顶应置于平整、坚固及完整的底座上。

(1) 油压千斤顶静负荷试验。将千斤顶活塞杆上升到 2/3 额定起升高度(多级活塞杆型式最后升出级升至 1/2 行程高度位置),有调整螺杆的千斤顶,将调整螺杆升至最高;采用自升法(利用千斤顶的顶升而增加承载面的压力)或外压法(外加配重以增加承载面的压力),对承载面施加额定起重量的 1.25 倍(新品或经大修后)或 1.1 倍(例行试验）静负荷，保持 10min。自升法时，压力下降不应超过 1.0%，外压法时千斤顶应能制动。

（2）螺旋千斤顶静负荷试验。千斤顶在空载状态下上升至最大起升高度位置，在千斤顶承载面施加额定起重量的 1.25 倍（新品或经大修后）或 1.1 倍（例行试验）静负荷，保持 10min。试验过程中，不应有永久变形及其他异常情况；剪式螺旋千斤顶卸去载荷后，其高度下降量不应超过起升高度的 5%。

试验中应平稳加载和卸载。试验时，不应加长手柄以加强起升力。若采用自带手柄或驱动无法使千斤顶顶升至规定的试验值，则该千斤顶为不合格。

5. 负载动态试验

在可能的条件下宜进行螺旋千斤顶负载动态试验。千斤顶负载动态预试系统结构见图 3-3，其主要由测试台、液压恒压系统、压力测试系统（压力传感器）、位移测试系统（位移传感器）、计算机数据处理系统组成。

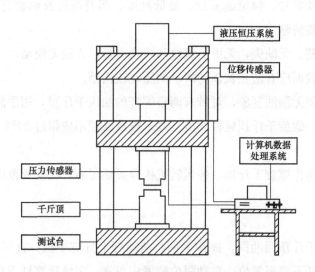

图 3-3　千斤顶负载动态预试系统结构图

将被测千斤顶放置在测试台上，在计算机上设置施加在千斤顶承载面 50% 额定起重量，开启液压系统，自动将压力传感器移动到千斤顶顶端，然后施加压力至所设置的值。操作千斤顶，自最低位置上升至起升高度位置。在不同行程下，液压系统自动保持恒定的压力，直到测试结束。计算机自动记录千斤顶在整个升高过程中压力和行程的变化。试验过程中，千斤顶运行应平稳、连续，不应有明显跳动和失重等异常现象。

四、千斤顶相关要求

1. GB/T 27697—2011《立式油压千斤顶》

（1）具有调整螺杆的千斤顶，调整螺杆应灵活转动，不从活塞杆中脱出。

（2）应有防止超载的安全阀，其开启载荷在 $(1\sim1.15)G_N$ 范围内。

（3）应具备可靠的限位装置，保证活塞杆不从整体中脱出。

（4）应能承受 $1.25G_n$ 静载，无永久变形、漏油等。

（5）活塞杆升至最大起重高度，旋松回油阀，活塞杆下降时，施加在活塞杆上的力应符合表 3-7 规定。

表 3-7　　　　　　　　活 塞 杆 压 下 力

额定起重量 G_N（t）	$G_N \leqslant 16$	$16 < G_N < 100$	$G_N \geqslant 100$
单级活塞杆压下力（N）	$\leqslant 220$	$\leqslant 445$	$\leqslant 785$
多级活塞杆压下力（N）	$\leqslant 350$	$\leqslant 700$	$\leqslant 1000$

（6）在 $1.25G_N$ 静载下，1min 内活塞杆垂直下降量不应大于 0.7mm，10min 内下降量不应大于 1mm。

（7）使用配套手柄起升 G_N 时，手柄操作力不应大于 400N。

（8）应能承受 3 次 G_N 和 1 次 $1.15G_n$ 动载试验，无擦伤、漏油，调整螺杆旋动灵活，限位可靠。

（9）将千斤顶置于与水平面成 6°的倾斜面上，应能承受 G_N，整体应保持稳定，各部件不应有永久变形、漏油等。

（10）在 G_N 下全行程连续工作试验次数不应少于表 3-8 规定，试验后整机应能正常工作。

表 3-8　　　　　　　　连 续 工 作 试 验 次 数

额定起重量 G_N（t）		$12 < G_N \leqslant 20$	$20 < G_N \leqslant 100$	$G_N \geqslant 100$
连续工作次数	单级活塞杆	100	30	15
	多级活塞杆	70	22	10

（11）在 −20～45℃的环境中正常工作。固定密封处不得漏油，运动密封处允许有油膜。

（12）自重超过 10kg 时应设置有搬运用手把。手把应能承受 2 倍自重。

（13）承载面应采用防滑结构。

（14）表面涂层应黏附牢固、色泽一致，不应有明显的斑点、皱皮、气泡、流挂等缺陷。

2．JB/T 5315—2017《卧式油压千斤顶》

（1）表面应做防腐处理，防腐层应黏附牢固。

（2）空载下在平坦的硬质地面上工作应正常。

（3）前后轮应处于同一平面，轮子接触点高度差应小于 3mm。

（4）在承受 $3\%G_N$ 载荷下，托瓶下降量不应大于千斤顶最高高度的 3%。

（5）在 G_N 静载下，托盘从第 5min 到 30min 内下降量不应大于 5mm。

（6）使用配套手柄起升 G_N 时，手柄操作力不应大于 588N。

（7）在 G_N 下连续工作次数不应少于 50 次，试验后整机应能正常工作。

3. JB/T 2593—2017《螺旋千斤顶》

(1) 普通型螺旋千斤顶应按表 3-9 规定进行静载试验；剪式螺旋千斤顶应按 120%G_N 进行静载试验；应无变形等。

表 3-9   静 载 试 验 载 荷

额定起重量 G_N(t)	$G_N \leqslant 16$	$16 < G_N \leqslant 32$	$32 < G_N \leqslant 100$	$G_N > 100$
试验载荷	150%G_N	130%G_N	125%G_N	110%G_N

(2) 使用配套手柄起升 G_N 时，手柄操作力不应大于 180N。

(3) 普通型螺旋千斤顶在 G_N 下连续工作次数不应少于表 3-10 规定，试验后整机应能正常工作。

表 3-10   连 续 工 作 次 数

额定起重量 G_N(t)	$G_N \leqslant 5$	$5 < G_N \leqslant 16$	$16 < G_N \leqslant 32$	$G_N > 32$
连续工作次数	40	25	15	10

第三节 抱 杆

抱杆是在输电线路施工中通过绞磨、卷扬机、牵引机等驱动机构牵引连接在承力结构上的绳索而达到提升、移动、安装杆塔及附件的一种起重设备。按主要材料划分，抱杆为铝合金抱杆、钢抱杆、铝钢抱杆等；按杆体形式划分，抱杆为格构式抱杆（主材为角钢、钢管等）和管式抱杆；按结构形式划分，抱杆为单抱杆、人字抱杆、摇臂抱杆、平臂抱杆等；按支承方式划分，抱杆为悬浮抱杆和落地抱杆等；按拉线使用方法划分，抱杆为外拉线抱杆和内拉线抱杆等。

一、预防性试验项目和周期

抱杆（不含机构传动的）预防性试验项目为静负荷试验，试验周期为 12 个月。

二、试验设备

卧式抱杆专用试验机 1 套。

三、试验方法及要求

1. 外观

(1) 产品名称和型号、额定载荷、制造厂名称、生产日期及产品编号、外形尺寸、整机重量等标识完整清晰。

(2) 主要受力构件应无局部严重弯曲、磕瘪变形、严重腐蚀、裂纹、脱焊或铆钉脱落等，抱杆帽及底座应无裂纹或螺纹变形。

(3) 组装方便，连接紧密，无松动或错位。

2. 静负荷试验

静负荷试验可采用平卧或竖立布置。平卧布置时，抱杆杆体下方应垫弹性或可灵活滚动的支垫，支点应不少于 2 处；人字抱杆静负荷试验布置见图 3-4。竖立布置时，抱杆应按使用要求增加临时拉线，以防倾倒。

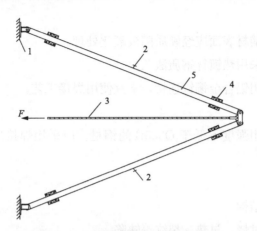

图 3-4　人字抱杆静负荷试验布置图

1—抱杆脚固定点；2—测量装置；3—绳；4—弹性支垫；5—抱杆杆体

将抱杆与试验机连接，缓慢增加压力使其达到 1.25 倍额定载荷，保持 10min。在保压的最后 2min 内测量抱杆的弯曲变形值，其横向变形不得超过全长的 1/600，试验后各部件应无可见裂纹和残余变形，固定连接处以及紧固件应无松动。

四、抱杆相关要求

DL/T 319—2018《架空输电线路施工抱杆通用技术条件及试验方法》对抱杆技术要求进行了规定。

1. 一般要求

抱杆组装后杆体或起重臂轴向直线度偏差不得超过 $L/1000$（L 表示抱杆杆体或起重臂长度）。

（1）长细比值应符合表 3-11 要求。

表 3-11　　　　　　　　　　　　抱杆长细比值表

抱杆类型	整体	主要受力构件	次要受力构件
钢抱杆	≤120（管式≤150）	≤120	≤150
铝合金抱杆	≤100（管式≤110）	≤100	≤110

（2）安全系数应符合表 3-12 要求。

表 3-12　　　　　　　　　　　　抱杆安全系数

抱杆类型	屈服安全系数	稳定安全系数	杆体附件、附着系统等柔性附件安全系数	起重臂拉索安全系数
单抱杆、人字抱杆	≥2.10	≥2.50	≥3.00	≥4.00
摇臂抱杆	≥2.00	≥2.00		
平臂抱杆	≥1.75	≥1.75		

（3）额定起重载荷 50kN 及以上的抱杆驱动机构不宜采用单卷扬绞磨。

（4）山地用抱杆标准节长度不宜超过 3m，单节质量不宜超过 300kg。连接螺栓规格不宜小于 M16，螺栓等级不宜低于 6.8 级，应有防松措施。

2. 铝合金抱杆

铝合金抱杆主材及辅材表面应经硬质阳极氧化处理。

（1）标准节连接宜采用热镀锌钢质法兰。

（2）材料连接宜采用铝合金铆钉连接，不宜使用焊接工艺。

3. 钢抱杆

主要承载构件宜采用强度不低于 Q355B 的钢材。应采用焊接连接，热镀锌抱杆的焊缝应采用封闭焊缝。

4. 杆体附件

杆体附件宜采用钢结构。

（1）锻件不允许有过烧、过热、裂纹等缺陷。

（2）腰环应具有滚动自如的滚动装置。

（3）可回转抱杆宜采用回转支承。

5. 安全及电气系统

抱杆宜设置相应的安全装置。

（1）起重量限制器、起重力矩限制器、起重力矩差限制器，达到 90% 额定起重载荷时应有声光报警，限制值应小于 110% 额定起重载荷。

（2）平臂抱杆限位开关动作后应保证小车停车时其端部距缓冲装置距离不小于 200mm。

（3）摇臂抱杆应设置臂架低位置和高位置的幅度限位开关以及吊钩防冲顶装置。

（4）电气设备等金属外壳的接地电阻不宜大于 10Ω。

（5）电气设备等相间绝缘电阻和对地绝缘电阻不应小于 0.5MΩ。

第四节　吊钩（环）

吊钩（环）是起重机械中的一种吊具，常借助于滑轮组等部件悬挂在起升机构的钢丝绳上。

一、预防性试验项目和周期

吊钩（环）预防性试验项目为静负荷试验，试验周期为 12 个月。

二、试验设备

卧式拉力试验机 1 台。

三、试验方法及要求

1. 外观

（1）等级代号、额定起重量和制造厂名称或代号等应用凸字标识清楚。

（2）吊钩（环）不允许焊接或铸造，应无裂纹、无明显的变形或腐蚀现象。

2. 静负荷试验

将吊钩（环）安装于拉力试验机上，在其中心线上施加 1.25 倍额定载荷的拉力，保持 10min，吊钩（环）应无破损、无不可恢复的变形。

四、吊钩 （环） 相关要求

JB/T 4207.1—1999《手动起重设备用吊钩》对吊钩技术要求进行了规定。

（1）在锻造后应按其材料性质进行热处理。

（2）表面应光洁，不应有摺叠、过烧以及降低强度的局部缺陷；缺陷不允许焊补。

第五节　卸　　扣

卸扣是一种吊索具，由扣体和销轴装配而成，有连接、承重等作用。卸扣分为 D 型卸扣（扣体呈半圆形）和弓形卸扣（扣体呈大半个圆形）。

一、预防性试验项目和周期

卸扣预防性试验项目为静负荷试验，试验周期为 12 个月。

二、试验设备

卧式拉力试验机 1 台。

三、试验方法及要求

1. 外观

（1）级别代号和极限工作载荷、制造商识别标记或符号等标识应完整清晰。直径不小于 13mm 销轴应有级别代号和制造商符号永久性标识，标识不应影响销轴机械性能；直径小于 13mm 销轴应标注级别代号。

（2）表面应光洁，无裂纹、变形和锈蚀等缺陷，缺陷不得补焊。

（3）扣体两轴销孔应同轴；装配后，销轴的台肩或头部应与扣体紧密贴合。

2. 静负荷试验

将卸扣安装于拉力试验机上，作用力沿卸扣对称中心线，缓慢加载至额定载荷的 1.25 倍，保持 10min。卸载后卸扣应无残余变形、裂纹、裂口等缺陷，销轴应转动灵活。

四、卸扣相关要求

GB/T 25854—2010《一般起重用 D 形和弓形锻造卸扣》对卸扣技术要求进行了规定。

1. 机械性能

极限工作载荷 WLL 从 0.32～100t 共 26 个等级，验证力为 2 倍 WLL，最小极限强度为 4 倍 WLL。

2. 材质

钢材应采用电炉或吹氧转炉冶炼。钢材应为镇静钢，可锻性好。钢材冶炼应符合晶粒细化要求，应达到奥氏体 5 级晶粒度或更细的品级。6 级和 8 级卸扣应含有足够量的合金元素。

3. 热处理

卸扣锻造后应进行正火或淬火和回火处理。硬度值不应超过表 3-13 规定。

表 3-13   硬　度　值

级别	布氏硬度 HBW	洛氏硬度 HRC
4	217	17
6	300	32
8	380	41

4. 制造工艺

扣体应锻制，不应采用焊接；扣体两销轴孔应同轴且与环眼外径同心。

（1）销轴应锻制或机加工制成；销轴的螺纹段应与主体段同心。

（2）螺栓光杆部分长度应使得螺母拧入螺栓后只靠在螺尾上，而不应靠在扣体上。

（3）成品卸扣扣体和销轴应无裂纹等缺陷。

第六节　滑　　　车

滑车是起重搬运中广泛使用的一种小型工具。滑车种类划分，按功能分为起重滑车和放线滑车，按轮数分为单轮滑车、双轮滑车和多轮滑车，按滑车与吊物连接方式分为吊钩式滑车、链环式滑车、吊环式滑车和吊架式滑车，按夹板是否可以打开分为开口滑车和闭口滑车，按使用方式分为定滑车和动滑车。在电力作业中分为承力滑车和绝缘滑车（在带电作业中用于绳索导向或承担负载的全绝缘或部分绝缘的工具）。

一、预防性试验项目和周期

滑车预防性试验项目为静负荷和交流耐压试验（绝缘滑车），试验周期为 12 个月。

二、试验设备

（1）卧式拉力试验机 1 台。

（2）量程不小于 50kV 交流耐压试验装置 1 套。

三、试验方法及要求

1. 外观

（1）产品名称和型号、额定载荷、制造厂名称、制造日期、双三角符号（绝缘滑车）等标识应完整清晰。

（2）轴、吊钩（环）、梁、侧板等应无裂纹和明显变形等。绝缘滑车绝缘部分应光滑，无气泡、皱纹、开裂等。

（3）滑轮槽底光滑，转动灵活，无卡阻和碰擦轮缘等。

（4）吊钩（环）在吊梁上应转动灵活。

（5）侧板开口在 90°范围内应无卡阻现象，保险扣完整、有效。

2. 静负荷试验

滑车组静负荷试验示意见图 3-5，滑车槽底直径与钢丝绳直径之比应不小于 10，连接滑车于拉力试验机上；对起重滑车和放线滑车，缓慢增加拉力至其额定载荷 1.25 倍，保持 10min；对绝缘滑车，增加拉力至其额定载荷 1.2 倍，保持 5min；卸载后滑车应无裂纹和永久性变形。

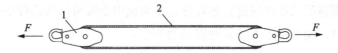

图 3-5　滑车组静负荷试验示意图

1—滑车；2—连接绳

3. 交流耐压试验

绝缘滑车按图 3-6 悬挂在接地的 50mm 宽角钢横梁中部，横梁长度不小于 2m，或悬挂在接地的吊钩上。

高压引线从滑车的中轴处引入。滑车及高压引线与周围物体间的距离不小于 1m。

缓慢升高电压，达到 0.75 倍试验电压值起，以每秒 2% 试验电压的升压速率至规定值，普通绝缘滑车耐压值为 25kV，绝缘钩型滑车耐压值为 37kV，保持 1min，然后迅速降压，但不能突然切断。滑车应无发热、击穿和闪络现象。

四、滑车相关要求

（一）JB/T 9007—2018《起重滑车》对起重滑车的技术要求

使用环境温度为 −10～50℃。

1. 性能

在空载状态下，滑轮、吊钩、开合合页等各转动部位应灵活。应能承受表 3-14 的静载荷和动载荷试验，各部件应无裂纹和永久变形等。

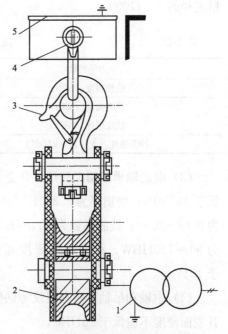

图 3-6　绝缘滑车交流耐压试验图

1—交流耐压试验装置；2—滑车；

3—吊钩；4—U 形环；5—角钢横梁

表 3-14　　　　　　　　静载和动载试验载荷

额定起重量 G_N（t）	静载试验载荷（t）	动载试验载荷（t）
$0.32 \leqslant G_N \leqslant 16$	$1.6G_N$	$1.25G_N$
$16 < G_N \leqslant 80$	$1.4G_N$	$1.2G_N$
$80 < G_N \leqslant 200$	$1.3G_N$	$1.15G_N$

额定起重量 G_N（t）	静载试验载荷（t）	动载试验载荷（t）
$200 < G_N \leqslant 320$	$1.25G_N$	$1.1G_N$
$G_N > 320$	$1.25G_N$	$1.1G_N$

2. 主要零部件

（1）吊环、链环内部不应有裂纹、白点等缺陷，超声检测不应低于 II 级质量要求，且缺陷不允许补焊。锻件表面应光整，不应有毛刺、裂纹、摺叠、过热、过烧及降低强度的其他局部缺陷，锻造后的零件应进行热处理。吊钩柄中心线对吊钩钩腔中心线，只允许向钩腔中心内侧偏移，偏移量不大于钩腔直径的 3%。

（2）尼龙滑轮应采用 MC 尼龙，力学性能符合表 3-15 的规定。滑轮铸钢件加工表面不应有砂眼、气孔、缩孔、裂纹和疏松等缺陷。滑轮径向和轴向圆跳动公差不应超过滑轮槽底径的 1.5/1000。

表 3-15 尼 龙 滑 轮 力 学 性 能

力学性能	要求
抗拉强度（MPa）	76～95
抗弯强度（MPa）	149～167
抗压强度（MPa）	105～127
冲击强度（无缺口）(kJ/m²)	510～628

（3）滑动轴承采用工程塑料合金 NGA 材料时，密度为 $1.14 \sim 1.2 \text{g/cm}^3$；压缩强度不低于 167MPa；磨损率为 $5.2 \times 10^{-7} \text{mg/(Nm)}$；邵氏硬度为 68～80HD；摩擦系数（对钢）为 0.08～0.10；线胀系数为 $(5.8 \sim 8.3) \times 10^{-5}/℃$。采用粉末冶金含油轴承时，表面硬度为 90～130HBW；径向压溃强度系数应大于 40；磨损量小于 0.5mg/cm²；含油率大于 15%。

（4）中轴和吊轴不应有裂纹等缺陷。带滑动轴承的起重滑车的中轴应进行调质处理，其表面硬度不应低于 26HRC。

（5）护隔板、加强板和吊架等主要受力部件力学性能不应低于 Q235B。当结构需要采用高强度钢材时，其材料的力学性能不应低于 Q355B。

（6）合页轴不应有裂纹等缺陷。合页板材料力学性能不应低于 Q355B。

3. 装配要求

装配后应转动灵活，轴承装入滑轮后，滑轮径向和轴向圆跳动公差不应大于滑轮槽底径的 2.25/1000。合页在开合 90°范围内，应无卡阻现象。装配后的吊钩和链环应能灵活转动 360°。

4. 涂装与外观

各零部件不应有伤痕、毛刺等缺陷。出厂前应进行表面处理并涂装，涂层应均匀，色泽应一致。

5. 安全防护

应设置导绳装置或采取其他防乱绳措施。对于吊钩型起重滑车，其吊钩应设置闭锁装置。

（二）DL/T 371—2019《架空输电线路放线滑车》对放线滑车的技术要求

滑车应便于保养和维护。

（1）基本要求。滑车安全系数不应小于3，应具有防止运输中滑轮被损坏的保护装置。

（2）性能要求。滑车应能顺利通过牵引板、接续管保护装置及旋转连接器等。导线放线滑车摩阻系数（滑车出线侧与进线侧的张力之比）不应大于1.015。对于通过不同种类线索的滑轮，其表面宜采用挂胶或其他保护装置。接地放线滑车应保证导线展放过程中接地良好。

（3）外观质量。外观应平整、光滑，不应有尖角、锐边、裂纹等缺陷。焊缝不应有毛刺、漏焊、裂纹、折叠、过热、过烧等缺陷。MC尼龙滑轮不应有飞边、气泡缩孔等缺陷。

（4）装配质量。装配后滑轮应转动灵活、无卡滞，整体刚性好，无晃动。滑车相邻两滑轮间及滑轮与架体间侧向间隙为4~6mm。轴承与轴应采用较小的间隙配合。

（5）主要零部件。架体宜选择高强材料，与销轴连接部位应设置止动安全装置。联板上吊挂孔尺寸应与金具匹配，应设置与导线滑轮相对应的临锚孔。钢丝绳滑轮应选用能承受一定轴向载荷的推力滚动轴承，导线滑轮应选用转动灵活的滚动轴承。轴与销轴应进行热处理，应选择合理的配合公差。

（三）GB/T 13034—2008《带电作业用绝缘滑车》对绝缘滑车的技术要求

1. 电气性能

应能通过交流工频30kV（有效值）1min耐压试验，绝缘钩型滑车应能通过交流工频44kV（有效值）1min耐压试验。应无发热和击穿。

2. 机械性能

应能通过2.0倍额定负荷、持续5min机械拉力试验，应无永久变形或裂纹；破坏拉力不得小于3.0倍额定负荷。

3. 材料及工艺要求

（1）吊钩、吊环应采用40Cr钢或机械性能不低于40Cr钢的其他合金结构钢制造。应用锻造件，机加工前正火处理；不得出现裂纹、重皮、过烧、过热、毛刺等缺陷，更不允许将缺陷补焊回用；调质后表面硬度不高于266HB；表面应进行镀铬、镀锌等防腐蚀处理。

（2）中轴、吊轴、联结轴、吊梁、尾绳环应采用45号钢或机械性能不低于45号钢的其他结构钢制造。不应出现裂纹等缺陷。

（3）防护板、隔板、拉板、加强板及绝缘钩应采用环氧玻璃布层压板制造。

（4）滑轮应采用聚酰胺1010树脂等绝缘材料制造；表面应涂刷1~2次环氧绝缘清

漆，端面涂刷不少于 2 次，每次须干燥后方可涂刷下一次。

第七节　钢丝绳（套）

钢丝绳是先由多层钢丝捻成股，再以绳芯为中心，由一定数量股捻绕成螺旋状的绳。钢丝绳套是端头采用插接或压接而形成的绳套。在物料搬运机械中供提升、牵引、拉紧和承载之用。

一、预防性试验项目和周期

钢丝绳（套）预防性试验项目为静负荷试验，试验周期为 12 个月。

二、试验设备

卧式拉力试验机 1 台。

三、试验方法及要求

1. 外观

钢丝绳（套）有下列情况之一者应报废或截除：

（1）断丝数超过表 3-16 和表 3-17 数值时。

表 3-16　　　　　　钢制滑轮上工作的圆股钢丝绳中断丝根数

外层绳股中承载钢丝数 n^a	钢丝绳必须报废时与疲劳有关的可见断丝数[b]			
	交互捻		同向捻	
	长度范围			
	$\leqslant 30d^c$	$>30d$	$\leqslant 30d$	$>30d$
$n \leqslant 50$	2	4	1	2
$51 \leqslant n \leqslant 75$	3	6	2	3
$76 \leqslant n \leqslant 100$	4	8	2	4
$101 \leqslant n \leqslant 120$	5	10	2	5
$121 \leqslant n \leqslant 140$	6	11	3	6
$141 \leqslant n \leqslant 160$	6	13	3	6
$161 \leqslant n \leqslant 180$	7	14	4	7
$181 \leqslant n \leqslant 200$	8	16	4	8
$201 \leqslant n \leqslant 220$	9	18	4	9
$221 \leqslant n \leqslant 240$	10	19	5	10

[a]　多层绳股钢丝绳仅考虑可见的外层。
[b]　一根断丝有两处可见端，按一根断丝计算。
[c]　钢丝绳公称直径。

表 3-17　　　　　　钢制滑轮上工作的抗扭钢丝绳中断丝根数

长度范围	$\leqslant 30d$	$>30d$
钢丝绳必须报废时与疲劳有关的可见断丝数	2	4

（2）绳芯损坏或绳股挤出、断裂。

（3）笼状畸形、严重扭结或金钩弯折。

（4）压扁严重，断面缩小，实测相对公称直径减小10％（防扭钢丝绳3％）时，发现断丝也应予以报废。

（5）受过火烧或电灼、化学介质腐蚀外表出现颜色变化时。

（6）弹性显著降低、不易弯曲、单丝易折断时。

（7）环绳或绳套插接长度小于钢丝绳直径的15倍或小于300mm。

2. 静负荷试验

钢丝绳试验安装见图3-7。钢丝绳套试验时应在套环中放入合适的心形环，与试验机连接。

启动试验机，缓慢增加对钢丝绳（套）的拉力，使其达到额定载荷的2.0倍（电建用钢丝绳为破断拉力的0.2倍），保持10min。钢丝绳（套）应无破损、新增断丝、局部变细等现象。

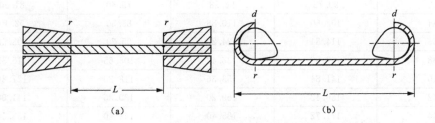

图3-7 钢丝绳试验安装示意图

（a）楔块间安装；（b）轮式安装

常用1670MPa公称抗拉强度级钢丝绳公称直径与额定工作载荷参照表3-18（GB/T 16763—2009《一般用途钢丝绳吊索特性和技术条件》），钢丝绳破断力近似计算参照表3-19（GB/T 20118—2017《钢丝绳通用技术条件》）。

表3-18 钢丝绳公称直径与额定工作载荷

钢丝绳公称直径 (mm)	铝合金压制单肢吊索额定工作载荷		插编单肢吊索额定工作载荷	
	1670MPa公称抗拉强度级		1670MPa公称抗拉强度级	
	纤维芯（kN）	金属芯（kN）	纤维芯（kN）	金属芯（kN）
5	2.21	2.39	1.85	2.00
6	3.19	3.46	2.66	2.88
7	4.34	4.70	3.62	3.92
8	5.67	6.14	4.73	5.12
9	7.18	7.78	5.99	6.48
10	8.87	9.59	7.40	8.00

钢丝绳公称直径 (mm)	铝合金压制单肢吊索额定工作载荷		插编单肢吊索额定工作载荷	
	1670MPa 公称抗拉强度级		1670MPa 公称抗拉强度级	
	纤维芯（kN）	金属芯（kN）	纤维芯（kN）	金属芯（kN）
11	10.73	11.61	8.94	9.68
12	12.76	13.81	10.64	11.51
13	14.99	16.20	12.50	13.50
14	17.39	18.72	14.49	15.60
16	22.68	24.48	18.90	20.40
18	28.80	31.14	24.00	25.95
20	35.46	38.34	29.55	31.95
22	42.84	46.44	35.70	38.70
24	51.12	55.26	42.60	46.05
26	59.94	64.80	49.95	54.00
28	69.48	75.24	57.90	62.70
30	79.74	86.22	66.45	71.85
32	90.72	98.28	75.60	81.90
34	102.60	110.88	85.50	92.40
36	114.84	124.20	95.70	103.50
38	127.98	138.42	106.65	115.35
40	141.84	153.36	118.20	127.80
42	156.42	169.20	130.35	141.00
44	171.72	185.40	143.10	154.50
46	187.20	203.40	156.00	169.50
48	205.20	221.40	171.00	184.50
50	221.40	239.40	184.50	199.50
52	239.40	259.20	199.50	216.00
54	259.20	279.00	216.00	232.50
56	277.20	300.60	231.00	250.50
58	298.80	322.20	249.00	268.50
60	318.60	345.60	265.50	288.00
62	289.80	343.80	241.50	286.50
64	309.60	365.40	258.00	304.50
66	329.40	388.80	274.50	324.00
68	349.20	412.20	291.00	343.50
70	369.00	437.40	307.50	364.50
72	390.60	462.60	325.50	385.50
74	414.00	489.60	345.00	408.00
76	435.60	514.80	363.00	429.00
78	459.00	543.60	382.50	453.00
80	482.40	570.60	402.00	475.50
82	507.60	601.20	423.00	501.00
84	532.80	630.00	444.00	525.00

钢丝绳公称直径（mm）	铝合金压制单肢吊索额定工作载荷		插编单肢吊索额定工作载荷	
	1670MPa 公称抗拉强度级		1670MPa 公称抗拉强度级	
	纤维芯（kN）	金属芯（kN）	纤维芯（kN）	金属芯（kN）
86	558.00	660.60	465.00	550.50
88	585.00	691.20	487.50	576.00
90	612.00	723.60	510.00	603.00
92	639.00	756.00	532.50	630.00
94	666.00	788.40	555.00	657.00
96	694.80	822.60	579.00	685.50
98	725.40	856.80	604.50	714.00
100	754.20	892.80	628.50	744.00
102	784.80	928.80	654.00	774.00
104	815.40	964.80	679.50	804.00
106	847.80	1002.60	706.50	835.50
108	880.20	1042.20	733.50	868.50
110	912.60	1080.00	760.50	900.00
112	946.80	1119.60	789.00	933.00
114	981.00	1161.00	817.50	967.50
116	1015.20	1200.60	846.00	1000.50
118	1051.20	1243.80	876.00	1036.50
120	1087.20	1285.20	906.00	1071.00

表 3-19　　　　　　　　　　钢丝绳破断力近似计算表

钢丝绳结构形式	钢丝绳破断力（N）				
	1400MPa 公称抗拉强度级	1550MPa 公称抗拉强度级	1700MPa 公称抗拉强度级	1850MPa 公称抗拉强度级	2000MPa 公称抗拉强度级
6×19+1	445d	495d	545d	590d	640d
6×37+1	430d	475d	520d	565d	610d
6×61+1	420d	465d	510d	555d	595d

注　d 为钢丝绳直径 mm。

3. 钢丝绳无损试验

长距离钢丝绳可采用无损试验，借助电磁技术用以确定钢丝绳损坏的区域和程度。

钢丝绳无损试验系统包括绞盘系统（放线机构）、清洗系统（清洗机）、测试系统（加磁仪、探伤仪）、导向系统（导向机）、牵引系统（牵引回收机）及数据处理分析系统等，见图 3-8。取钢丝绳端部 5m 长度进行手工清洗，开启加磁仪和探伤仪，将钢丝绳从放线机构手持引出，至牵引回收机固定，启动整个系统，对钢丝绳进行无损探伤试验。

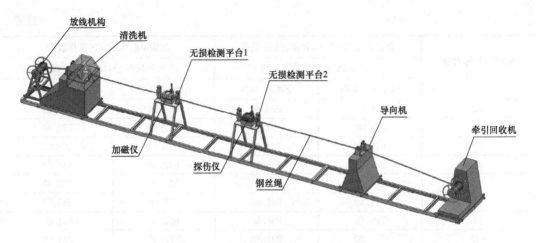

图 3-8　钢丝绳无损试验系统示意图

四、钢丝绳相关要求

GB/T 5973—2016《起重机　钢丝绳　保养、维护、检验和报废》对钢丝绳检验进行了规定。

1. 日常检查

按图 3-9 所示对钢丝绳工作区段、在卷筒和滑轮上的位置进行检查。

2. 定期检查

采用计算、观察、测量等方法，对劣化程度定期做出评估，典型劣化实例分别见图 3-10～图 3-18。钢丝绳内部检查见图 3-19。

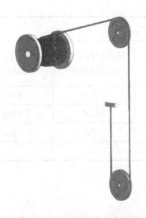

图 3-9　钢丝绳工作位置

图 3-10　钢丝突出

图 3-11　绳芯突出—单层钢丝绳

图 3-12　笼状畸形

图 3-13 外部磨损

图 3-14 外部腐蚀

图 3-15 股顶断丝

图 3-16 内绳突出

图 3-17 扭结

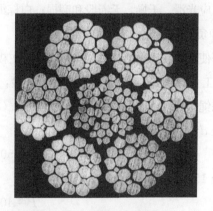

图 3-18 内部腐蚀

（a）

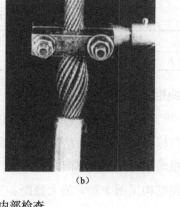

（b）

图 3-19 内部检查

（a）连续区段；（b）靠近绳端固定装置处

第八节 纤 维 绳

纤维绳是指用植物纤维（白棕绳）或化学纤维（化纤绳）制成的绳。先将纤维丝搓成条，若干条搓成股，数股搓成大股（即成一股细绳），然后由若干大股搓成或编成绳。由三大股搓成或编成的称三股绳，四大股搓成或编成的称四股绳。最后一次向右搓的称右搓绳，向左搓的称左搓绳。

一、预防性试验项目和周期

纤维绳预防性试验项目为静负荷试验，试验周期为 12 个月。

二、试验设备

卧式拉力试验机 1 台。

三、试验方法及要求

1. 外观

（1）产品名称、结构、规格、制造厂名称、依据标准号等标识完整清晰。

（2）应光滑、干燥，无断股和磨损；白棕绳应无霉变；化纤绳绳索和绳股应连续无接头。

2. 静负荷试验

根据使用的夹具类型，把纤维绳固定在楔块间或轮上，有效长度不小于 1800mm。以 2 倍额定工作载荷进行 10min 的静负荷试验，应无断裂和明显的局部延伸。

白棕绳破断力 R 可通过式（3-1）和式（3-2）计算获得。

直径 $d \leqslant 15mm$

$$P = 50d^2 (N) \tag{3-1}$$

直径 $15mm < d \leqslant 25mm$

$$P = 40d^2 (N) \tag{3-2}$$

白棕绳安全系数见表 3-20。

表 3-20 白 棕 绳 安 全 系 数

使用情况	一般起重作业	缆风绳	千斤绳	捆绑绳	吊人绳
安全系数 K	5	6	6~10	10	14

四、纤维绳相关要求

GB/T 15029—2009《剑麻白棕绳》对白棕绳技术要求进行了规定。

（1）剑麻白棕绳应由均匀、结实、品质良好的剑麻原料绳股捻绞或编绞而成。组成单位产品的每一根绳股应是连续不间断的整体。

（2）捻绞绳结构见图 3-20，最大捻距：三股绳为公称直径 3.5 倍；四股绳为公称直径 4.5 倍。

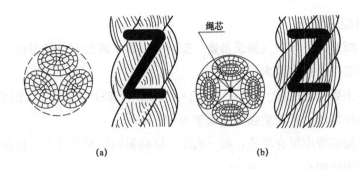

图 3-20 捻绞绳结构示意图

(a) 无芯三股绳；(b) 有芯四股绳

第九节 吊 装 带

合成纤维吊装带（简称吊装带）一般采用高强力聚酯长丝制作，具有强度高、耐磨损、抗氧化、质地柔软、不导电、抗紫外线等优点，按形状分为扁平吊装带和圆形吊装带。

一、预防性试验项目和周期

吊装带预防性试验项目为静负荷试验，试验周期为 12 个月。

二、试验设备

卧式拉力试验机 1 台。

三、试验方法及要求

1. 外观

(1) 产品名称、垂直提升时的极限工作载荷、吊装带材料、端配件等级、名义长度（m）、制造商名称、标准号等标识完整清晰。

(2) 扁平吊装带表面应无横向、纵向擦破或割断等缺陷；圆形吊装带封套无破损、密封完整；吊装带边缘、软环及末端件无损伤。

2. 静负荷试验

将吊装带连接于试验机上，对扁平吊装带施加力至 2.0 倍（圆形吊装带施加力至 1.25 倍）极限工作载荷（WLL），保持 10min，应无破断、脱缝和显著的局部延伸现象。

在试验中应注意以下几点：

(1) 带软环的吊装带使用的试棒直径使环眼的夹角为 10°～20°；环形吊装带使用的试棒直径不超过 100mm 或吊装带实际长度的 10%（取两者较小者），试棒不接触缝合处。

(2) 加载的承力力应保证吊装带每 1000mm 长度的最大拉伸速度为 110mm/min。

(3) 进行静负荷试验时，受力状态的吊装带如断裂，将释放大量能量，试验人员应远离危险区域。

四、吊装带相关要求

（一）JB／T 8521.1—2007《编织吊索 安全性 第1部分：一般用途合成纤维扁平吊装带》对扁平吊装带的技术要求

（1）材料。主要有聚酰胺（PA）（绿色）、聚酯（PES）（蓝色）、聚丙烯（PP）（棕色）等高韧性多纤维丝，其断裂强度不低于 60cN／tex。

（2）编织。编织带应复合堆叠，统一编织，以确保编织时若其中一根丝断裂，从末端无法抽出，避免织带散开。

（3）宽度。宽度应为 25～320mm；测量时宽度不大于 100mm 时偏差为 ±10％，宽度大于 100mm 时偏差为 ±8％。

（4）织带厚度和吊装带厚度。单层吊装带承力部分厚度至少为 2mm。用于提供多层吊装带每层受力部分的织带厚度至少为 1.2mm。

（5）后期加工和处理。组成缝制织带部件的织带应进行染色，缝制织带部件应处理成封闭表面。

（6）类型。环形吊装带为 A 类，由单层或双层织带组成。带有加强软环眼的单肢吊装带为 B 类，带有金属端配件的单肢吊装带为 C 类（端配件若为可再连接型的为 Cr 类），由一层、两层、三层或四层组成。

（7）缝合。所用缝合线的原始材料应与织带相同，由缝纫机进行加工。针脚不应接触边缘，应平整光滑。不应对加热处理的断口进行缝合。

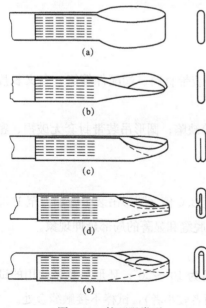

图 3-21 软环眼类型

(a) 扁平环眼；(b) 翻转环眼；(c) 一边折叠 1/2 宽度环眼；(d) 两边折叠 1/2 宽度环眼；(e) 折叠 1/3 宽度环眼

（8）软环眼。软环眼类型见图 3-21。环眼内圈长度：织带宽度不大于 150mm 时为宽度 3 倍；织带宽度大于 150mm 时为宽度 2.5 倍。

（9）破断力。最小破断力应为 6 倍极限工作载荷。

（二）JB／T 8521.3—2007《编织吊索 安全性 第2部分：一般用途合成纤维圆形吊装带》对圆形吊装带的技术要求

（1）承载芯。承载芯应由一束或多束母材相同的丝束缠绕而成（丝束的最小缠绕圈数为 11 圈），丝束在末端连接形成无极束。各丝束的缠绕方式应相同，以确保均匀承载。任一搭接接头应至少相隔四圈丝束，且在每一接头处应多缠一圈作为补偿。

（2）封套。封套应由母材相同的纤维丝编织而成，纤维丝材料与承载芯相同。半成品封套两端交叠，缝在一起。在切割时，应保证封套的两端纤维不松散。封套材料应形成封闭表面。

（3）破断力。吊装带最小破断力应为 6 倍极限工作载荷，封套最小破断力不低于 2 倍极限工作载荷。

第十节　棘 轮 紧 线 器

棘轮紧线器是在输电线路施工中用于导线张紧的紧线工具。通常先使用卡线器固定导线，再通过紧线器将导线收紧到合适的弧垂。

一、预防性试验项目和周期

棘轮紧线器预防性试验项目为静负荷试验，试验周期为 12 个月。

二、试验设备

卧式拉力试验机 1 台。

三、试验方法及要求

1. 外观

（1）产品名称、型号规格、额定负荷、制造厂等标识完整清晰。

（2）各部件完整，无裂纹、变形和损伤等。

（3）换向爪及自锁装置完好有效，轴承转动灵活，保险可靠。

2. 静负荷试验

释放吊钩，使钢丝绳在卷筒上保留 3～5 圈。将紧线器与试验机连接，缓慢加载至其额定载荷的 1.25 倍，保持 10min。卸载后，紧线器任何部件不应有残余变形、裂纹及裂口，钢丝绳应无新增断丝、无局部变形等现象，轴承处转动应灵活、无卡阻。

也可通过扳动手把收紧紧线器的方式加载。

第十一节　双 钩 紧 线 器

双钩紧线器可以收紧钢绞线、铝绞线等，由双钩、杆体和扳手组成。

一、预防性试验项目和周期

双钩紧线器预防性试验项目为静负荷试验，试验周期为 12 个月。

二、试验设备

卧式拉力试验机 1 台。

三、试验方法及要求

1. 外观

（1）产品名称、型号规格、额定负荷、制造厂等标识完整清晰。

（2）各部件完整，无裂纹、变形和损伤；螺杆无缺齿。

（3）螺杆空载时应能轻松伸缩，能自锁，换向爪应灵活有效；应有保险装置。

2. 静负荷试验

将双钩紧线器螺杆伸出杆套，使其在杆套内的长度为螺纹长度的1/3～1/5。将紧线器与试验机连接，缓慢加载至其额定载荷的 1.25 倍，保持 10min。卸载后，紧线器任何部件应无残余变形、裂纹及裂口，螺杆应能轻松伸缩。

也可通过扳动扳手收紧紧线器的方式加载。

四、双钩紧线器相关要求

DL/T 875—2016《架空输电线路施工机具基本技术要求》对双钩紧线器技术要求进行了规定。

（1）安全系数不应小于 3，螺纹接触面的接触应力应小于容许值。

（2）双钩紧线器应能自锁。

（3）应有保险装置，保证螺纹和杆套任何部位都有足够的啮合长度。

第十二节 网 套 连 接 器

网套连接器用于电力施工放线时连接各种导地线、光缆、电缆等，以通过各类型放线滑车。

一、预防性试验项目和周期

网套连接器预防性试验项目为静负荷试验，试验周期为 12 个月。

二、试验设备

卧式拉力试验机 1 台。

三、试验方法及要求

1. 外观

（1）产品名称、规格型号、制造厂名称等标识完整清晰。

（2）钢丝无断股、弯折、锈蚀等现象，应柔软；压接管应完好。

2. 静负荷试验

网套连接器静负荷试验也称握力试验。

选取一条总长为其自身直径 100 倍的导线，穿入网套连接器中直至导线的一端触及保护管。网套连接器夹持导线的长度不得小于导线直径的 30 倍，末端应以铁丝绑扎不少于 20 圈。导线的另一端可用同规格的网套连接器、合适的耐张线夹或卡线器连接。

将安装好的网套连接器及导线组合体连接至拉力试验机，匀速增加拉力至 1.25 倍额定载荷，保持 10min，网套连接器与导线间无滑移。卸载后，网套连接器应无损伤。

四、网套连接器相关要求

DL/T 875—2016《架空输电线路施工机具基本技术要求》对网套连接器技术要求进行了规定。

（1）安全系数不应小于 3。

（2）张力波动时网套连接器不应打滑。

（3）使用的钢丝应柔软，保证安装拆卸方便。

（4）压接管至网套过渡部分的钢丝应用薄壁金属管保护。

第十三节 旋 转 连 接 器

旋转连接器用于导线放线时连接牵引钢丝绳，释放钢丝绳捻劲。

一、预防性试验项目和周期

旋转连接器预防性试验项目为静负荷试验，试验周期为 12 个月。

二、试验设备

卧式拉力试验机 1 台。

三、试验方法及要求

1. 外观

（1）产品名称、规格型号、工作载荷、制造厂名称等标识完整清晰。

（2）表面应光洁，无毛刺、损伤、锈蚀、折叠等缺陷。

（3）应转动灵活、无卡阻。

2. 静负荷试验

将旋转连接器安装于拉力试验机上，缓慢加载至额定载荷的 1.25 倍，保持 10min。卸载后旋转连接器应无残余变形、裂纹、裂口等缺陷，转动应灵活。

四、旋转连接器相关要求

DL/T 1310—2013《架空输电线路旋转连接器》对旋转连接器技术要求进行了规定。

1. 设计及制造要求

本体材料不应有裂纹等缺陷，应进行适宜的热处理强化。

（1）在额定载荷作用下应具有良好的转动性能，通过滑车后不应产生弯曲变形。

（2）U 形槽外边缘及端部应加工成圆角。

（3）应使用与其旋转性能要求相适应的滚动轴承；额定载荷 50kN 及以上旋转连接器应用推力轴承，其摩擦因数应小于 0.0025；应能承受一定的交变摩擦阻力矩及交变载荷。

（4）外壳孔中心线与轴同心度应小于 0.05mm。

（5）应具有良好的密封性。组装时应在清洗后涂刷适量的润滑剂。

（6）表面应进行镀铬防腐处理，不应有斑点、皱纹、气泡、流痕等。

（7）轴承旋转安全系数应大于 1.5。旋转连接器安全系数不应小于 3。

2. 试验要求

（1）在 100%、125% 额定载荷作用下，旋转连接器应转动灵活，不应有裂纹、塑性变形。

（2）在 300% 额定载荷作用下，旋转连接器不应产生断裂破坏或塑性变形。

3. 使用要求

旋转连接器不应超载使用。

（1）外径应至少埋入滑轮轮槽深度 2/3 以上。

（2）使用时销钉轴应拧紧到位，与索具连接时应安装与销钉轴相匹配的销钉轴套。

（3）定期对旋转连接器进行维护和保养，保持润滑良好。

第十四节 抗 弯 连 接 器

抗弯连接器用于电力施工放线时连接钢丝绳，以通过各种放线滑车。

一、预防性试验项目和周期

抗弯连接器预防性试验项目为静负荷试验，试验周期为 12 个月。

二、试验设备

卧式拉力试验机 1 台。

三、试验方法及要求

1. 外观

（1）产品名称、规格型号、工作载荷、制造厂名称等标识完整清晰。

（2）表面应光洁，无毛刺、损伤、锈蚀、折叠等缺陷。

（3）两销轴应同轴，且与两侧环眼外径同心。

2. 静负荷试验

将抗弯连接器安装于拉力试验机上，缓慢加载至额定载荷的 1.25 倍，保持 10min。卸载后抗弯连接器应无残余变形、裂纹、裂口等缺陷。

四、抗弯连接器相关要求

DL/T 875—2016《架空输电线路施工机具基本技术要求》对抗弯连接器技术要求进行了规定。

（1）安全系数不应小于 3。

（2）由塑性材料制成，其结构形状应不损伤钢丝绳。

（3）应能顺利通过放线滑车钢丝绳轮和牵引机钢丝绳卷筒。

第十五节 卡 线 器

卡线器是电力架空线路施工及检修中常用的握线工具。

一、预防性试验项目和周期

卡线器预防性试验项目为静负荷试验，试验周期为 12 个月。

二、试验设备

卧式拉力试验机1台。

三、试验方法及要求

1. 外观

(1) 产品名称、型号、额定负荷、制造厂及出厂日期等标识完整清晰。

(2) 表面应光滑、无尖边毛刺、缺口裂纹、锈蚀等缺陷。钳口斜纹应清晰，长度 $L \geqslant (6.5d-20)$（d 为导线外径，mm）。

(3) 各部件连接应可靠，开合夹口转动灵活、无卡涩。

2. 静负荷试验

卡线器静负荷试验也称握力试验。

将卡线器卡住一条总长为其自身直径100倍的试验导线并使线端露出卡线器尾部约10倍导线直径的长度，导线的另一端固定。卡线器的拉环或翼形拉板与试验牵引装置相连。试验用导线应与卡线器的规格相匹配，并选用其适用范围中的最大规格导线。

均匀缓慢地增加对卡线器的拉力，直至其1.25倍额定载荷，保持10min，卡线器应无滑移。卸载后，导线表面应无拉痕和鸟巢状变形。

四、卡线器相关要求

GB/T 12167—2006《带电作业用铝合金紧线卡线器》对卡线器技术要求进行了规定。

1. 结构

按牵引方式分为单牵式（U形拉环式）和双牵式（翼形拉板式），见图3-22。

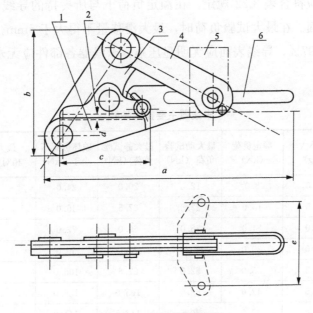

图 3-22 卡线器结构图

1—下夹板；2—上夹板；3—压板；4—拉板；5—翼型拉板；6—拉环

2. 材质要求

卡线器上夹板、下夹板、翼形拉板、拉板、压板应采用超强度铝合金模锻件。卡线器拉环应采用优质合金结构钢制成的模锻件。

3. 表面处理要求

各部件表面应光滑，无锐边、毛刺、裂纹及金属夹杂等缺陷。

4. 尺寸要求

尺寸应符合表 3-21 规定。

表 3-21　　　　　　　　　　　卡 线 器 尺 寸

型号	适用导线	钳口夹持长度 c（mm）	夹持弧面直径 d（mm）	最大开口（mm）
LJK_a25-70	LGJ25/4-LGJ70/10	112	12	14
$LJK_b95-120$	LGJ95/15-LGJ120/25	136	16	20
$LJK_c150-240$	LGJ150/30-LGJ240/40	167	22	24
LJK_d300	LGJ300/15-LGJ300/70	167	26	28
LJK_e400	LGJ400/20-LGJ400/95	187	30	32
LJK_f500	LGJ500/35-LGJ500/65	187	31	33
LJK_g630	LGJ630/45-LGJ630/80	208	34	37
LJK_h720	LGJ720/50-LGJ720/60	280	37	39

注　尺寸允许偏差＋1.0%，—0；图 3-22 中 a、b 可根据实际需要确定，e 为 250mm。

5. 技术性能

技术性能指标应符合表 3-22 规定。在额定负荷下与所夹持的导线不产生相对滑移，不允许夹伤导线表面。在最大试验负荷时，最大滑移量不得大于 5mm，导线直径平均值不得小于夹持前的 97%，导线表面应无明显压痕，卡线器各部件应无永久变形，连接紧密，开合夹口灵活。

表 3-22　　　　　　　　　　卡线器主要技术性能

型号	质量不大于（kg）	额定负荷（kN）	最大动试验负荷（kN）	最大静试验负荷（kN）	破坏负荷不小于（kN）	最大动试验负荷下导线相对滑移量不大于（mm）
LJK_a25-70	1.0	8.0	12.0	20.0	24.0	5
$LJK_b95-120$	1.5	15.0	22.5	37.5	45.0	5
$LJK_c150-240$	3.0	24.0	36.0	60.0	72.0	5
LJK_d300	4.0	30.0	45.0	75.0	90.0	5
LJK_e400	4.5	35.0	52.5	87.5	105.0	5
LJK_f500	6.5	42.0	63.0	105.0	126.0	5
LJK_g630	7.0	47.0	70.5	117.5	141.0	5
LJK_h720	10.0	49.0	73.5	122.0	147.0	5

第十六节 绝 缘 子 卡 具

绝缘子卡具是组装在绝缘子串的金具、绝缘子、导线或横担上，用于更换绝缘子及金具的金属工具。

一、预防性试验项目和周期

绝缘子卡具预防性试验项目为静负荷试验，试验周期为 12 个月。

二、试验设备

卧式拉力试验机 1 台。

三、试验方法及要求

1. 外观

（1）产品名称、型号规格、制造厂名称、制造日期等标识完整清晰。

（2）各部件表面应光滑，无尖棱、毛刺、变形、裂纹和明显的锈蚀等缺陷。

（3）卡具与悬式绝缘子铁帽或绝缘子串端部连接金具配合紧密可靠，装卸灵活方便。

（4）各活动部件［如自封卡的前（后）卡的凸轮闭锁机构］应灵活、可靠、有效，摩擦销钉应调整合适，以保证前卡齿轮丝杆机构旋转同步。

2. 静负荷试验

左右均匀伸出丝杆。将卡具与合适的悬式绝缘子或连接金具连接，并拧紧各盖板，再与试验机相连。扳动手把直至被跨接绝缘子不受横向作用力，保持两个拉杆长度一致。缓慢加载至其额定载荷的 1.25 倍，保持 10min。卸载后，卡具任何部件不应有永久变形或损坏，活动部件应灵活。

四、绝缘子卡具相关要求

DL/T 463—2006《带电作业用绝缘子卡具》对绝缘子卡具的技术要求进行了规定。

1. 材料

卡具主体宜采用 LC4 铝合金材料，丝杠与其他主要受力零件，宜采用 40Cr 材料或性能更好的合金钢材料。

2. 工艺

卡具与挂点（即卡具定位用的金具）的接触面应配合紧密，非接触面应留有 1～2mm 间隙，以便于卡具装、拆方便。

（1）卡具主体应采用模锻件或自由锻件毛坯加工成形。毛坯热处理后的硬度 HB 不小于 125。

（2）卡具主体加工成型后，先进行荧光或超声波探伤，确保卡具主体无裂纹后，再对表面进行阳极氧化处理。

（3）钢制零件表面应进行镀锌或发蓝处理。

(4) 对于 40Cr、45Mn$_2$ 等易氢脆材料，镀锌处理后应除氢。

第十七节 机 动 绞 磨

机动绞磨是通过缠绕在磨芯或双牵引卷筒上足够圈数的钢丝绳实现牵引和松放功能的机具，主要由磨芯或双牵引卷筒、传动系统、制动系统、控制系统、动力源、固定架体或移动架体和辅助装置组成。按照传动型式分为机械传动型式和液压传动型式；按照动力源分为柴油机动绞磨、汽油机动绞磨和电动机动绞磨。

一、预防性试验项目和周期

机动绞磨预防性试验项目为空载试验和静负荷试验，试验周期为 12 个月。

二、试验设备

(1) 可组合的标准配重若干。

(2) 净高不低于 8m、容许工作载荷不低于绞磨最大试验力的龙门试验吊架 1 座。

三、试验方法及要求

1. 外观

(1) 产品名称和型号，各挡位的牵引力和速度，动力源类型、转速和功率，制造商名称、出厂日期及编号，设备自重、外形尺寸，适用最大钢丝绳直径及操作标识等完整清晰。

(2) 各部件应无裂纹、变形、砂眼等缺陷，各紧固件应可靠紧固，并有防松装置。齿轮箱完整、润滑良好，有足够的润滑油。滑轮滑杆无磨损现象。机械转动部分防护罩完整，电气接地良好。

(3) 操纵系统中，各手柄位置正确，挡位准确，灵活可靠。制动系统灵活、可靠。

2. 空载试验

空载时，绞磨正、反转运行，各个转速运转时间总和不低于 15min。运转时应无异常，操作手柄应灵活。

3. 静负荷试验

绞磨静负荷试验应在专用试验场进行。将绞磨锚固，以重物做试验载荷，荷载以重物质量计。进线通过悬挂在龙门吊架上的定滑轮及地面朝天滑车引向磨芯，滑轮悬挂高度不应小于 6m。钢丝绳牵引方向与磨芯轴线夹角为 90°±5°，钢丝绳在卷筒上的缠绕应不少于 5 圈。

绞磨在各速度挡位时，将重量为相应额定载荷 1.1 倍的重物提升、下降 1 次，升、降高度不小于 0.5m。升、降时进行制动、启动，在最后一次制动时，保持载荷静止悬空时间为 5min。

经大修或改装的绞磨，在使用前应进行 1.25 倍额定载荷的静负荷试验。提升重物 10cm，静止 10min。

绞磨运转时，应无异声，运转平稳，齿轮无咬死现象。整机振动应不影响操纵控制元件的正常工作。离合器、制动器、变速手柄应操作灵活，安全可靠；转动部件应转动灵活，运行平稳；液压系统应无渗漏油；钢丝绳在磨芯上不重叠；保持时间内载荷无下滑。

试验后，各部位应无裂纹、永久变形及其他异常现象。

四、机动绞磨相关要求

DL/T 733—2014《输变电工程用绞磨》对机动绞磨技术要求进行了规定。

1. 设计及制造要求

绞磨磨芯及双牵引卷筒金属材料表面硬度应符合 HRC40～HRC50，并具有良好的耐磨性。

（1）磨芯形状应能保证钢丝绳平稳滑动，绞磨磨芯槽底直径应不小于使用最大钢丝绳公称直径的 10 倍。磨芯曲面的轴向斜角应合适，钢丝绳入口和出口处的斜角宜为 20°～25°。双牵引卷筒的槽底直径应不小于最大钢丝绳公称直径的 15～20 倍。

（2）锻件不应有过烧、过热、残余缩孔、裂纹、折叠及夹层等缺陷。

（3）变速箱体宜采用铝合金材质铸成，箱体不应有裂纹及砂眼等缺陷。加工完毕后，向箱体注入柴油观察 10min，不应有渗油现象。

（4）焊接件应进行消除内应力处理。

（5）制动轮制动面、离合器结合面的粗糙度不应大于 6.3μm；其接触斑点分布面积不应小于接触面积的 80%；松开时，接触面应全部脱离。

（6）制动轮制动力矩应不小于制动轴额定工作力矩 1.5 倍，制动空行程时间应不大于 0.5s。

（7）轴承及齿轮应具备良好的润滑性能。

（8）最大载荷下，磨芯或双牵引卷筒设计钢丝绳最少缠绕圈数应能保证钢丝绳尾部张紧力应不大于额定牵引力的 1%，额定牵引力 50kN 及以上绞磨宜采用双牵引卷筒结构。

（9）传动离合器手柄操作力应小于 50N。

（10）绞磨宜设置过载报警或保护装置。

（11）机械传动组件应设置安装防护罩等安全保护设施。

（12）绞磨变速箱应有测油温装置，齿轮箱油温不得超过 90℃。

（13）机械传动效率应不低于 0.75，液压传动效率应不低于 0.6。使用寿命应不低于 3000h。

（14）电动绞磨不带电部分应有可靠的接地装置，其带电部分与机身之间绝缘电阻应不小于 2MΩ。

（15）动力源发生故障时，绞磨应具备可靠的自锁功能。

（16）应至少设置两组可独立作用的制动装置，制动装置应同时具有自动和手动两种形式。

（17）额定牵引力 50kN 及以上绞磨宜采用分体式设计，单件质量应小于 120kg。

2. 使用要求

绞磨应水平放置，且可靠锚固。

（1）使用前应检查齿轮箱有足够的润滑油。

（2）牵引时钢丝绳在磨芯上应不重叠。

（3）使用时，钢丝绳进绳端应靠近变速箱侧，进、出绳端均应从磨芯下部进出。

（4）当牵引钢丝绳长度超过 500m 时，宜配套使用钢丝绳辅助绕绳装置。

第四章　材料电气性能与试验

在电力施工、安装、运维及修试等作业中，绝缘安全工器具电气性能的优劣将直接影响电力作业的电气安全。本章将主要介绍绝缘材料电气特性、电气试验的原理和方法、电气试验安全要求等内容，重点阐述绝缘材料交流耐压试验及泄漏电流测量、直流耐压试验、冲击耐压试验、导体直流电阻测量等原理和方法。

第一节　绝缘材料电气特性

绝缘材料（又称为电介质）电气特性主要表现为在电场作用下的介电性能、导电性能、介质损耗和电气强度，分别以介电常数 ε、电导率 γ（或绝缘电阻率 ρ）、介质损耗角正切值 $\tan\delta$ 和击穿场强 E_b 等参数来表示。

一、介电性能

绝缘材料在电场作用下会产生极化现象，依据材料的绝缘结构有四种极化形式。

1. 极化概念

以平行板电容器为例说明极化现象，见图 4-1。将平行板电容器放在密封容器内并抽真空，极板上施加直流电压 U，两极板上分别充有正、负电荷 Q_0，即

$$Q_0 = C_0 U$$

式中　C_0——真空电容器电容量；

U——外加直流电压。

如在两电极间放入一块厚度与极间距离相等的极性固体介质，施加同样电压 U，由于固体介质的偶极子顺着电场而转为有规则的排列，其结果使介质表面出现与极板电荷异号的束缚电荷。由于外加电源电压 U 一定，两极间电场强度不变，所以必须再从电源中吸收与束缚电荷等量而符号相反的电荷 Q' 充到极板上。电荷量自 Q_0 增加到 $Q_0 + Q'$，此时

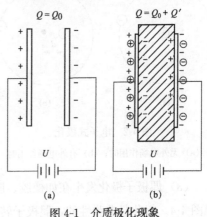

图 4-1　介质极化现象

(a) 电极间为真空；(b) 电极间有介质

119

电容器电容量增加到 C，即

$$C = \frac{Q_0 + Q'}{U}$$

真空电容器电容量 C_0 为

$$C_0 = \frac{Q_0}{U}$$

为描述电容器极板间放入固体介质前后电容量和电荷的变化，引入相对介质介电常数 ε_r 来表征，即

$$\varepsilon_r \frac{C}{C_0} = \frac{Q_0 + Q'}{Q_0} = \frac{\varepsilon}{\varepsilon_0}$$

式中　ε_0——真空介电常数，F/cm，取值 8.86×10^{-14}。

综上所述，电介质在电场作用下，中性介质正负电荷作用中心发生的弹性位移和极性介质偶极子顺着电场而转为有规则的排列，使原来中性的介质对外呈现电性，这种现象称为电介质极化。由于介质极化，介质表面出现了束缚电荷，极板需另外吸引一部分电荷 Q'，使极板上电荷量增多，电容量增大。相对介电常数 ε_r 表征介质极化的强弱。

2. 极化形式

电介质极化形式有电子式、离子式、偶极子和夹层式四种。

(1) 电子式极化存在于所有电介质中，见图 4-2。极化时间极短，约 $10^{-14} \sim 10^{15}$ s，故 ε_r 不随频率而变；极化过程具有弹性，外电场去掉后，依靠正、负电荷吸引力回到原始状态，无能量损耗；随温度升高极化减弱但甚微，具有负的温度系数。

(2) 离子式极化存在于如陶瓷、玻璃等离子结构的固体无机化合物中，见图 4-3。极化时间很短，为 $10^{-12} \sim 10^{-13}$ s，ε_r 与频率无关；极化过程具有弹性，无能量损耗；温度升高时 ε_r 有所增加，具有正的温度系数。

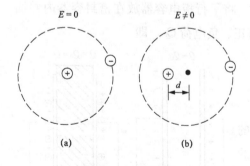

图 4-2　电子式极化
(a) 无外电场作用时；(b) 有外电场作用时

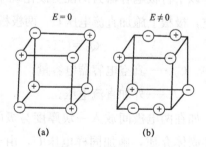

图 4-3　离子式极化
(a) 无外电场作用时；(b) 有外电场作用时

(3) 偶极子极化发生在如橡胶、胶木、聚氯乙烯和纤维素等偶极子结构的极性介质中，见图 4-4。极化是非弹性的，偶极子转向时，需要克服偶极子间作用力，有能量损耗；极化时间较长，为 $10^{-2} \sim 10^{-10}$ s，频率较高时偶极子来不及转动，因而 ε_r 减小；温度升高时，偶

极分子间结合力减弱，ε_r 将增大，但温度过高或过低时，分子转向困难，因而使 ε_r 下降。

（4）夹层式极化发生在组合电介质中，如以两种介质构成的夹层介质为例分析其极化过程，见图 4-5。

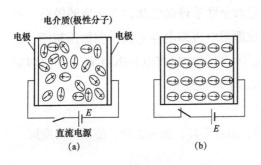

图 4-4　偶极子极化

（a）无外电场作用时；（b）有外电场作用时

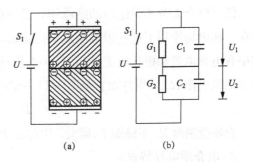

图 4-5　夹层介质交界面极化现象

（a）两夹层介质；（b）等值电路图

C_1、C_2—各介质电容；G_1、G_2—各介质电导；

U_1、U_2—各介质上电压

S_1 闭合瞬间（$t=0$），电压分配与各层介质电容成反比，即

$$\left.\frac{U_1}{U_2}\right|_{t=0}=\frac{C_2}{C_1}$$

当 $t\rightarrow\infty$ 电路达到稳态时，电容开路，电流通过电导，电压分配与各层介质电导成反比，即

$$\left.\frac{U_1}{U_2}\right|_{t\rightarrow\infty}=\frac{G_2}{G_1}$$

由于是两夹层介质，即

$$\frac{C_2}{C_1}\neq\frac{G_2}{G_1}$$

于是

$$\left.\frac{U_1}{U_2}\right|_{t=0}\neq\left.\frac{U_1}{U_2}\right|_{t\rightarrow\infty}$$

因此，在夹层介质极化过程中，存在电压重新分配过程，如 C_1 上电压下降，需释放部分电荷；C_2 上电压上升，要从电源吸收电荷，吸收电荷多少和吸收过程快慢，与绝缘材料有密切关系。干燥完好绝缘介质电导很小，夹层极化过程进行缓慢，从几秒到几个小时；当绝缘介质受潮后，电导增大，使极化过程时间大大缩短。工程上常利用极化过程完成的快慢来判断介质绝缘状况。

3. 极化在工程中意义

（1）绝缘结构由几种绝缘材料组合而成时，应注意各材料 ε_r 相互配合。因为工频交流作用下，各层介质电场强度 E 与 ε_r 成反比，即 $E_1/E_2=\varepsilon_{r2}/\varepsilon_{r1}$。特别是当介质中含有气泡或杂质时，由于气泡和杂质 ε_r 小，承受较高场强将先发生游离，导致绝缘在较低电压下被击穿。

（2）介质损耗与极化形式有关。

二、导电性能

绝缘材料在电场作用下具有微弱的导电性能。

1. 绝缘电阻概念

任何电介质都不是绝对的绝缘体，总会有一定数量联系较弱的和含有杂质的带电质点存在。在电场作用下这些带电质点定向运动，形成泄漏电流即电导电流。在加压初期，介质中有电导电流和极化电流，当 $t \to \infty$ 极化过程完毕，介质中仅有电导电流 I_∞，与之对应的是绝缘电阻 R_∞，当外加直流电压 U 一定时，R_∞ 与 I_∞ 成反比，即

$$R_\infty = U/I_\infty$$

介质受潮时 R_∞ 下降而 I_∞ 增大，引起介质发热、温度升高、加速老化、使用寿命缩短。

2. 电介质电导特点

电介质电导与金属电导有本质区别，电介质电导是离子在电场下运动而形成。电导电流主要由两部分构成：①介质分子离子化而成电子和正离子；②介质中杂质离子。通常介质电导极小，而金属电导为电子电导且极大。

电介质电导与温度有密切关系，温度越高，离子热运动剧烈，容易形成电导电流。另外，高温下介质分子离子化能力增强，形成较大电导，即介质电导率随温度升高而增加。电阻率则按指数规律下降，故电介质绝缘电阻具有负的温度系数；金属电阻率随温度升高而增加，具有正的温度系数。

3. 电介质吸收现象

当绝缘介质结构与外加直流 U 一定时，随着加压时间增长，回路中电流由大到小逐渐衰减，当 $t \to \infty$ 时，电流趋于某一稳定值，这种电流随时间增长而衰减的现象，称为介质的吸收现象。绝缘介质内电流变化见图 4-6。

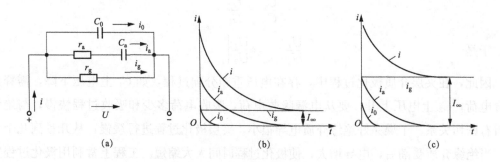

图 4-6 绝缘介质内电流变化

(a) 等值电路；(b) 干燥介质电流；(c) 受潮介质电流

（1）i_0 为电容电流，由电极间几何电容 C_0 和电子与离子极化强弱决定，存在时间很短，很快衰减到零。

（2）i_a 为吸收电流，由介质偶极子和夹层极化程度确定，数值较大且衰减缓慢，衰减时间长达几秒甚至几十秒。因有能量损失，用 r_a 和 C_a 串联来等值代表。

（3）i_g 是电导电流，不随时间变化，当绝缘结构和外加直流 U 一定时，i_g 为常数，即，$i_g = I_\infty$，总电流为

$$i = i_0 + i_a + I_\infty$$

电介质吸收现象和介质体积及运行状态有很大关系。当体积较大且试验条件一定时，干燥完好介质，吸收过程进行得很缓慢，吸收现象明显，见图 4-6（b）。受潮介质，由于电导电流很大，吸收过程进行得很快，吸收现象就不明显，见图 4-6（c）。

4. 电介质电导

固体电介质电导分为体积电导和表面电导两部分。

（1）体积电导由介质离子和杂质离子构成，介质离子电导很小，温度不太高时，杂质电导起主要作用。

（2）表面电导与介质表面状态有很大关系，表面干燥、清洁时，表面电导很小。当表面附着水分、灰尘等污秽物时，表面电阻率下降，电导加大。此外还与介质性质有关，对中性和弱极性介质如石蜡、聚苯乙烯等，由于这种介质表面具有憎水性，水分不易在表面形成水膜，表面电导率很低。陶瓷等介质，水分子附着力很强（亲水）容易在介质表面形成水膜，所以表面电导率较大。玻璃等介质，介质表面易溶于水，电导率较大，温度升高时电导率随之增加。对吸潮能力较强的介质，如纤维材料等工作在潮湿环境中，不仅表面电导大，而且体积电导也增大。

5. 绝缘电阻在工程中意义

（1）在绝缘预防性试验中，以绝缘电阻或利用介质吸收现象来判断绝缘优劣或是否受潮。

（2）绝缘介质应注意使用的环境条件，特别是湿度。

三、介质损耗

任何绝缘材料在电压作用下都会产生一定的能量损耗。介质损耗包括两种损耗：一种是由极性介质和夹层介质极化引起的极化损耗，另一种是由介质电导引起的电导损耗。介质损耗表征介质在交流电压下引起有功功率损耗，见图 4-7，电流分解为有功和无功两个分量，即 $\dot{I} = \dot{I}_R + \dot{I}_C$。

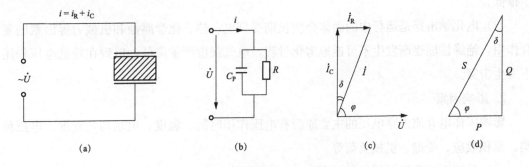

图 4-7　交流电压下介质损耗测量

(a) 接线图；(b) 并联等值电路；(c) 相量图；(d) 功率三角形

介质消耗的有功功率 $P=Q\tan\delta=U^2\omega C_P\tan\delta$，工频电压下 U、ω、C_P 为常数，则 $P\propto\tan\delta$。当介质受潮或存在其他缺陷时，将引起有功分量 $\dot{I}_R$（即 $\tan\delta$）增大。所以用 $\tan\delta$ 值来评定介质品质。由图 4-7（c）可得

$$\tan\delta=\frac{U/R}{U\omega C_P}=\frac{1}{\omega C_P R} \tag{4-1}$$

由式（4-1）可知，$\tan\delta$ 取决于介质特性，成为判断介质损耗大小的物理量。

四、电气强度

固体电介质在电场作用下，当电压达到某一临界值时，通过介质的电流急剧增加，介质内部形成导电通道，绝缘性能丧失，这种现象称为固体介质的击穿。固体介质击穿后有明显的烧痕、裂缝或焦状孔洞的放电通道。外加电压消失后，不能自行恢复原有绝缘性能。

1. 击穿形式

固体电介质的击穿分为电击穿、热击穿和电化学击穿三种形式。

（1）电击穿是对固体介质施加较高电压后，内部少量自由电子受到强电场的作用得到加速，产生碰撞游离，使电子数增加，从而导致击穿。其主要特征是电压作用时间短，击穿电压高，击穿过程发展极快，约 $10^{-6}\sim10^{-8}$ s，介质发热不显著；击穿电压与电场均匀程度有关而与周围环境温度无关。

（2）热击穿是固体介质在电压长期作用下，由于介质损耗使介质发热、温度升高，若介质产生的热量大于散发的热量，温度继续升高，由于介质具有负的温度系数，介质损耗随温度的升高而增加，介质可能温度过高，造成绝缘性能严重下降，甚至发生介质烧焦、熔化现象，使固体介质完全丧失绝缘性能而击穿。如介质有局部损伤或缺陷时，该处损耗增大，介质温度升高，击穿会在该处发生。其主要特征是发生热击穿时，介质发热显著，特别是击穿通道处温度很高；环境温度高时热击穿电压明显下降；热击穿电压随外施电压作用时间的增长而下降；外施电压频率越高击穿电压明显下降；周围媒质散热能力差时，热击穿电压也要降低；固体介质厚度越厚和 $\tan\delta$ 很大时，容易发生热击穿，且热击穿电压很低。

（3）电化学击穿是运行中的固体介质长期受到电、热、化学腐蚀和机械力等因素的复合作用，绝缘性能逐渐发生不可逆地劣化过程，电气强度严重降低，以致在较低电压作用下发生击穿。

2. 影响因素

影响固体电介质击穿电压的主要原因有电压作用时间、温度、电场均匀程度、电压种类、累积效应、受潮、机械负荷等。

（1）外施电压作用时间增长，击穿电压显著降低。

（2）当电介质温度低于某临界温度 t_0 时，击穿电压较高且与温度无关，属于电击穿。

温度升高至 t_0 值以上时，由于周围温度升高，散热困难，形成热击穿。对于不同绝缘材料，t_0 是不同的，即使同一种绝缘材料，厚度增大时 t_0 值要降低。

（3）均匀致密固体介质，在均匀电场中，击穿电压最高，击穿电压与介质厚度呈线性关系；不均匀电场中，击穿电压很低且随介质厚度增加而增加缓慢。当介质厚度增加时，散热困难，容易出现热击穿。故电场均匀时，还应采取措施如真空干燥、浸油或浸漆，以消除介质内部气隙和杂质所引起的局部放电，固体介质均匀性得到改善，击穿电压可明显提高。

（4）对于同一固体介质，在直流、工频和冲击电压作用下的击穿电压是不同的。直流电压下，介质损耗小，局部放电弱，因此直流击穿电压比工频击穿电压高。在冲击电压作用下，由于电压作用时间极短，固体介质只有在更高电压下才能发生游离，所以冲击击穿电压比持续击穿电压高得多。

（5）在制造或运行中，绝缘材料介质不可避免地存在某些弱点，在耐压试验时，介质内部会发生局部放电并留下局部损伤痕迹，但未形成击穿。但经多次耐压试验后，这些局部损伤将会得以发展，从而使击穿电压降低，最终导致介质击穿，这种现象称为固体介质的"累积效应"。

（6）固体介质受潮后击穿电压下降，其下降程度与介质特性有关。对如纤维等易受潮介质，吸潮后击穿电压仅为干燥时的百分之几。这是因介质含水量增大时，介质的电导率和损耗迅速增大，使热击穿电压下降，所以应采取防潮措施。

（7）固体介质受到较大机械力作用时，可使绝缘材料出现变形、裂缝，击穿电压将明显下降。

3. 提高击穿电压方法

为提高固体电介质电气强度，一般采取以下措施。

（1）设计优良的绝缘结构，使各部分绝缘材料得到充分合理地使用。

（2）提高绝缘制造工艺水平，清除固体介质中残留的杂质、气泡、水分等，使介质尽量均匀致密。

（3）改善绝缘运行条件，采取防潮、防污染等措施。

4. 电介质老化

绝缘介质在长期使用中，受到电、热、化学和机械力等因素的影响和作用，使介质发生不可逆地劣化过程，造成绝缘性能下降，这个过程称为电介质老化，主要有电老化和热老化两种。

（1）在电场作用下，绝缘介质物理、化学及其他性能发生不可逆地劣化，最终导致绝缘性能下降而击穿，此过程称为电老化。

（2）绝缘材料在长期受热的情况下，由于热的作用使其逐渐劣化，造成绝缘性能下降，此过程称为热老化。

第二节　交流耐压试验及泄漏电流测量

交流耐压试验是为了检验绝缘在工频电压下的性能。在耐压试验中，对绝缘施加比正常额定工作电压高的试验电压，持续时间一般为 1min 或 3min。

一、交流耐压试验接线及设备

交流耐压试验所需的试验电压可用两种方法产生：一种为用试验变压器直接产生工频高电压，另一种为利用串联谐振产生工频高电压。

（一）用试验变压器进行耐压试验

试验接线见图 4-8，其中 T1 为调压器，它可以平稳调节电压；r 为工频试验变压器保护电阻器，主要限制变压器短路电流（试品击穿时）；R 为球隙保护电阻器，防止球隙放

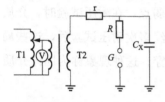

图 4-8　交流耐压试验接线

T2—工频试验变压器；

C_X—试品电容

电时因流过球隙的短路电流太大而使球隙表面被电弧烧毛；G 为测量球隙，用于测量电压，同时还兼有保护试品过电压的功能（如调节球隙的距离使其放电电压为试验电压 1.1～1.2 倍）。

1. 工频高压产生方式

产生工频高压主要有直接采用单台工频高压试验变压器和多台工频高压试验变压器串级连接两种方式。前者适用于所要求的试验电压较低的场合，而后者适用于所要求的试验电压很高的场合。因为当试验变压器的电压过高时，试验变压器的体积很大，出线套管也较复杂，给制造工艺带来很大的困难。故单个的单相试验变压器的额定电压一般只做到 750kV，需要更高电压时往往采用多台试验变压器串级装置来获得。

2. 工频试验变压器特点

工频试验变压器与普通电力变压器相比具有以下特点。

（1）一般都是单相的。

（2）工频试验变压器绝缘裕度一般较低。因为它不是按连续运行要求设计的，也不像电力变压器那样受到雷电和操作过电压的作用。因此，在使用时应严格控制其最大工作电压不超过额定值。

（3）工频试验变压器额定电压很高但额定容量不大。

（4）工频试验变压器高压侧额定电流一般在 0.1～1A 范围内，电压在 250kV 及以上时，一般为 1A。另外，由于工频试验变压器短路电抗值较大，故试验时允许通过短时的短路电流。

（5）工频试验变压器为间歇工作方式，一般不允许在额定电压下长时间连续使用，只有在电压和电流远低于额定值时才允许长期连续使用。如 500kV 试验变压器在额定电压 U_N 下只能连续工作 30min，只有在 $\frac{2}{3}U_N$ 的电压作用下才能长期运行。

（6）由于工频试验变压器容量小、工作时间短，因此不需要像电力变压器那样装设散热管及其他附加散热装置。

3．工频试验变压器串级装置工作原理

最常用的串级连接方式是自耦式连接，这时高一级变压器的励磁电流由前一级变压器高压绕组的一部分（累接绕组）提供，图 4-9 是两台单套管试验变压器组成绕组供电的串级装置示意图。

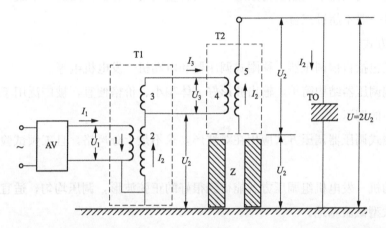

图 4-9　两台单套管试验变压器组成并由累接绕组供电的串级装置示意图

T1—第 1 级试验变压器；1—T1 低压绕组；2—T1 高压绕组；3—累接绕组；T2—第 2 级试验变压器；

4—T2 低压绕组；5—T2 高压绕组；AV—调压器；TO—试品；Z—绝缘支柱

（1）输出电压。变压器串级装置的最大特点是 T1 的高压侧有两个绕组：①高压绕组 2，负责提供高压侧的电压 U_2；②累接绕组 3，用来给 T2 的 4 提供输入电压 U_3，这样，T2 的 5 也将输出电压 U_2。在通常情况下，常使各级变压器输入电压相同，即取 $U_3 = U_1$；并使各级变压器高压绕组的输出电压也相同，即均为 U_2。由此，对于由两台变压器组成的串级装置，其最终输出电压为 $2U_2$。如果采用 n 台工频试验变压器高低压绕组相互串级连接，其输出电压应为各台变压器高压绕组的输出电压之和即 nU_2。

（2）绝缘要求。T2 的铁芯和外壳对地电位即为 T1 的高压绕组输出的额定电压 U_2，因此必须用能耐受 U_2 电压绝缘支架或支柱绝缘子支承起来。同理，对于由 n 级试验变压器组成的串级装置，第一级变压器后面的各级变压器的铁芯和外壳的对地电压依次为 U_2、$2U_2$、$\cdots$、$(n-1)U_2$，因此也必须用能够耐受相应电压的绝缘支架或支柱绝缘子支承起来。各级变压器绕组内绝缘（高、低压绕组之间及高压绕组对铁芯、油箱之间的绝缘）仅需按每级变压器的输出电压 U_2 来考虑。虽然 T1 的二次侧绕组（高压绕组＋累接绕组）输出电压为 $U_2 + U_3$，但 U_3 很小，故变压器内绝缘按 U_2 来设计。

（3）容量要求。T2 容量 $P_2 = U_3 I_3 = U_2 I_2$，T1 容量 $P_1 = U_1 I_1 = U_2 I_2 + U_3 I_3 = 2U_2 I_2$，整套串级装置制造容量 $P = P_1 + P_2 = 3U_2 I_2$，串级装置输出容量 $P' = 2U_2 I_2$，串级装置容量利用率

$$\eta = \frac{P'}{P} = \frac{2U_2 I_2}{3U_2 I_2} = \frac{2}{3}$$

对于由 n 台变压器串级连接的串级装置，其容量利用率

$$\eta = \frac{2}{n+1}$$

式中　　n——串级装置的级数。

由此可见，变压器串级连接台数越多，其容量利用率越低。因此，串级试验变压器串级连接的台数一般不超过三台。

4. 调压方式

调压方式包括自耦调压器、移圈式调压器和电动机—发电机组等。

（1）自耦调压器结构简单，输出波形好、体积小、价格便宜，被广泛用于小容量工频试验变压器中的调压。

（2）移圈式调压器调压方式应用在对波形要求不是十分严格，且工频试验变压器容量较大的场合。

（3）电动机—发电机组调压方式能得到很好的正弦波形，调压均匀，适宜于对试验要求很严格的大型试验基地。

（二）利用串联谐振进行耐压试验

在耐压试验中，当试品试验电压较高或电容值较大、试验变压器额定电压或容量不能满足要求时，可采用串联谐振进行耐压试验。试验线路原理图见图 4-10。等值电路图中 R 为代表整个试验回路损耗的等值电阻，L 为可调电感和电源设备漏感之和，C 为试品电容，U 为试验变压器空载时高压端对地电压。

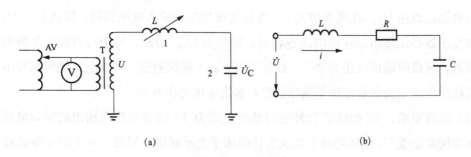

(a)　　　　　　　　　　　　　　　(b)

图 4-10　串联谐振试验线路原理图

(a) 原理图；(b) 等值电路图

1—外加可调电感；2—试品

当调节电感使回路发生谐振时，$X_L = X_C$，试品上电压 U_C 为

$$U_C = I X_C = \frac{U}{R} \cdot \frac{1}{\omega C} = \frac{1}{\omega CR} U = \frac{\omega L}{R} U = QU$$

式中　　Q——谐振回路品质因数。

谐振时 ωL 远大于 R，即 Q 值较大，故用较低电压 U 可在试品两端获得较高试验电压 U_C。

谐振时回路电流 I 与 U 同相，所以试验变压器输出功率为 $P=UI$，试品无功功率为 $Q_C=U_C I=QUI$，故试验设备容量仅需试品容量的 $1/Q$。

利用串联谐振电路进行交流耐压试验，不仅试验变压器容量和额定电压可以降低，而且试品击穿时由于 L 的限流作用使回路中电流很小，可避免试品被烧坏。此外，由于回路处于工频谐振状态，电源中的谐波成分在试品两端大为减小，故试品两端的电压波形较好。

二、工频高压测量

工频高压测量分为低压侧测量和高压侧测量，测量误差不应大于 3%。

1. 低压侧测量

低压侧测量方法是测量试验变压器低压绕组或测量线圈（试验变压器上配置的供测量电压用的附加线圈）两端的电压，然后按变比换算至高压侧，即得到高压侧电压。由于电容效应的影响，这种测量方法存在较大的误差。

进行交流耐压试验时，试品一般为电容性负载，等值电路见图 4-11（a）。图中 R 为试验回路等值电阻，X_L 为试验变压器和调压器折算至高压侧的漏抗值，C 为试品电容，$\dot{U}$ 为试验变压器空载时高压侧的输出电压，其值约等于将试验变压器低压侧电压折算至高压侧的值。试品容抗大于漏抗 X_L，各电压及电流相量关系见图 4-11（b）。因回路电流 $\dot{I}_C$ 在漏抗 X_L 上产生的电压降落 $\dot{I}_C X_L$ 与试品上电压 $\dot{U}_C$ 方向相反，从而使试品上电压 $\dot{U}_C$ 高于电源电压 $\dot{U}$，这种现象即是电容效应。因此，加在试品上的工频高电压一般要求在试品两端直接测量。

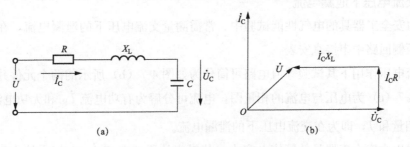

图 4-11 交流耐压试验等值电路及相量图

(a) 等值电路；(b) 相量图

2. 高压侧测量

高压侧测量方法包括静电电压表、球隙、电容分压器配用低压仪表、电压互感器和峰值电压表等，常用的是电容分压器配用低压仪表。

图 4-12 中，电容分压器由高压臂电容 C_1 和低压臂电容 C_2 串联组成，被测高压 u_1 经电容分压器转换成为低压 u_2 后，然后通过高频同轴电缆传输至测量仪表（包括示波器、峰值电压表等）进行测量，再根据测得的电压值 u_2 和电容分压器的分压比即可计算出高压侧电压 u_1。

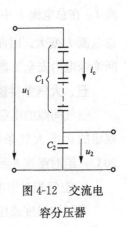

图 4-12 交流电容分压器

分压器分压比

$$K = \frac{u_1}{u_2} = \frac{C_1 + C_2}{C_1}$$

高压侧电压为

$$u_1 = Ku_2$$

三、试验方法

按相关规程规定选取试验电压。

升压前检查试品外观应合格、接线应准确合理、调压器应处于"零位"。

升压期间，应监视电压表和其他表计的指示情况。当施加的电压达到 75% 试验电压后，升压速度应控制在每秒 2%～5% 额定试验电压。升压速度不能过快或过慢，以防止操作瞬变过程而引起的过电压影响。

待试品两端电压达到试验电压，即进入耐压过程。此时应注意观察试验电压是否符合规定要求，若太高，会使试品造成不必要的损伤；若太低，则达不到试验目的和要求。

按照相关规程规定的要求选择耐压时间；耐压时间不能过长或过短，过长会使试品发热或使缺陷扩展，造成不必要的损伤，过短则同样达不到试验目的和要求。

耐压试验结束时，将电压降到零，切断电源。

试品在试验电压作用下、在规定的持续时间内不发生闪络、击穿或发热为合格。

四、交流电压下泄漏电流

在电力安全工器具的电气性能试验中，常需测量交流电压下的泄漏电流，在交流耐压试验的高压侧回路中串接毫安表。

在交流电压作用下其试验等值电路可简化为如图 4-7（b）所示的两个元件并联的等值电路，图 4-7（c）为电压与电流的相量图，电流可分解为有功电流 $\dot{I}_R$ 和无功电流 $\dot{I}_C$ 两个分量，其相量和 $\dot{I}$，即为在交流电压下的泄漏电流。

因绝缘电力安全工器具的等值电容小，其对应的无功电流 $\dot{I}_C$ 也相应较小，则有功电流 $\dot{I}_R$ 在总电流 $\dot{I}$ 中的比例增大。如绝缘受潮或有缺陷时，其有功电流 $\dot{I}_R$ 将增大，使得总电流 $\dot{I}$ 变大。因而可以通过测量绝缘电力安全工器具交流下的泄漏电流值的大小，来判断绝缘电力安全工器具绝缘的优劣。

五、大气条件影响

空气间隙的击穿电压及试品外部绝缘的闪络电压，随大气状态改变而发生变化，我国规定的标准大气条件是：大气压力 $P_0 = 101.325$ kPa（760mmHg = 1Atm），温度 $t_0 = 20℃$，绝对湿度 $h_0 = 11$g/m³。试验规程中规定的试验电压，是用于标准大气条件下的。

1. 空气相对密度 δ

当气体温度或压力改变时，其结果都反映为空气相对密度 δ 变化，δ 为试验条件下密

度 δ_S 与标准大气条件下密度 δ_0 之比，又因空气相对密度与大气压力成正比，与温度成反比，故有

$$\delta = \frac{\delta_S}{\delta_0} = \frac{\dfrac{P}{T}}{\dfrac{P_0}{T_0}} = \frac{P}{P_0} \times \frac{T_0}{T} = \frac{P}{101.325} \times \frac{273+20}{273+t} = 2.89\frac{P}{273+t}$$

式中　P——试验条件下空气压力，kPa；

　　　t——试验条件下空气温度，℃。

在大气条件下，空气间隙击穿电压随 δ 增大而升高。实验证明，当 δ 在 $0.95\sim1.05$ 时，空气间隙击穿电压与其密度成正比。因此，若不考虑湿度的影响，则空气相对密度在以上范围时的击穿电压和标准大气条件下的击穿电压具有式（4-2）换算关系

$$U = \delta U_0 \tag{4-2}$$

式中　U_0——标准大气条件下空气间隙击穿电压幅值，kV；

　　　U——试验条件下空气间隙击穿电压幅值，kV。

对于均匀电场、不均匀电场、直流电压、工频或冲击电压，式（4-2）都适用。

2. 湿度

湿度反映了空气中所含水蒸气的多少。实验表明，在均匀或稍不均匀电场中空气间隙的击穿电压随空气湿度的增加而略有增加，但程度极微，可忽略不计。在极不均匀电场中，空气湿度对间隙击穿电压的影响就很明显。湿度增加，使空气中水分子增加，水分子容易吸附电子而形成质量较大的负离子。电子形成负离子后，运动速度减慢，游离能力大大降低，从而使击穿电压增大。均匀电场中，击穿场强较高，电子运动速度较大，水分子不易吸附电子，所以湿度影响较小；在极不均匀电场中，平均击穿场强较低，放电形成时延又较长，所以湿度影响就比较明显。

因此，均匀及稍不均匀电场中湿度影响可忽略不计。而在极不均匀电场中，要对湿度进行校正。

六、注意事项

试验时要落实安全措施，要有专人负责。

（1）试验时调压器应从零开始按一定速度升压，调压器不在零位禁止合闸。

（2）试验时非试验部分应可靠接地。

（3）试验过程中若发现表计指针摆动或试品、试验设备发出异常声响、冒烟、冒火等，应立即降低电压，切断电源，在高压侧挂接地线，待查明原因后再恢复试验。

（4）试验过程因空气湿度、表面污秽引起试品表面闪络，不应认为试品不合格，在经过清洁、干燥处理后再进行试验。

（5）试验结束时，应把电压降到零后，再切断电源开关，防止高电压突然降为零而产生的高压脉冲损害试品。

第三节 直 流 耐 压 试 验

对应用于直流输电工程中的电力安全工器具需进行直流耐压试验。

一、直流高压产生

直流高压产生方式主要包括半波整流、倍压整流和串级直流高压发生装置等。

1. 半波整流

在高压实验室通常采用将工频高压经高压硅堆整流得到直流高压，见图 4-13。当空载时，电容器 C 上直流电压 U_C 将近似等于变压器高压侧交流电压幅值 U_m。

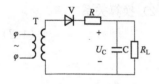

图 4-13 半波整流回路

T—高压试验变压器；V—高压整流器；C—滤波电容器；

R—限流（保护）电阻；

R_L—负载电阻

选用高压整流硅堆时应注意两个技术参数：

（1）硅堆的额定整流电流应大于整流电流，否则会使硅堆因过热而损坏。

（2）硅堆的额定反峰电压（即硅堆反向阻断时其两端容许出现的最高反向电压峰值）应大于整流电压幅值 U_m 的 2 倍，否则会导致硅堆出现反向击穿或闪络。

2. 倍压整流

在图 4-14 中，当电源电势为负时，整流元件 V2 闭锁，V1 导通；电源电势经 V1、Rb 向电容 C1 充电至 U_m；当电源电势为正时，电源与 C1 串联起来（此时 B 点的最高电压可达 $2U_m$）经 V2、Rb 向 C2 充电至 $2U_m$。当空载时，直流输出电压为 $2U_m$。V1、V2 的反峰电压也都等于 $2U_m$，电容 C1 的工作电压为 U_m，而 C2 的工作电压则为 $2U_m$，故称为倍压整流电路。

3. 串级直流高压发生装置

当需要得到比倍压整流回路更高的直流输出电压时，可把若干个倍压整流回路的电路单元串接起来，构成串级直流高压发生装置。图 4-15 是一个三级串级直流高压发生装置的接线，在空载情况下其直流输出电压可达 $6U_m$。

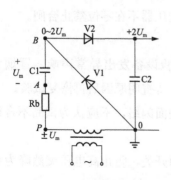

图 4-14 倍压整流电路

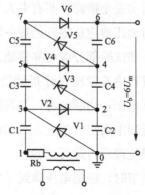

图 4-15 三级串级直流高压发生装置接线

二、直流高压测量

直流高压的常用测量方法有高值电阻串联微安表、高值电阻分压器配合低压电压表等。

1. 高值电阻串联微安表

接线见图 4-16（a），被测电压 $U_1 = IR_1$。

2. 高值电阻分压器配合低压电压表

接线见图 4-16（b），分压器分压比

$$K = \frac{U_1}{U_2} = \frac{R_1 + R_2}{R_2}$$

高压侧电压

$$U_1 = KU_2 = \frac{R_1 + R_2}{R_2} U_2$$

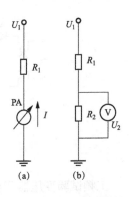

图 4-16　直流电压测量接线
(a) 用高值电阻串联微安表；(b) 用高值电阻分压器

电阻分压器由高压臂电阻器 R_1 和低压臂电阻器 R_2 组成（其中 $R_1 \gg R_2$），R_1 是一个能够承受高电压且数值稳定的高值电阻器，通常由多个碳膜电阻或金属膜电阻串联而成。

使用分压器时，应选用内阻极高的电压表，如数字电压表或示波器等。

三、直流耐压试验

直流耐压试验是考核试品在直流高压下的绝缘性能。直流耐压试验与交流耐压试验相比，主要有以下特点：

（1）进行交流耐压试验时，试验设备容量 $S = 2\pi f C_X U^2 \times 10^{-3}$（kVA），因此，当对电容量较大的试品进行试验时，需要较大容量的试验设备。而在直流耐压试验中，由于没有电容电流，电源只需向试品提供较小的泄漏电流（最高只达毫安级），因而试验设备的容量可大大减小。

（2）在直流高压下局部放电较弱，而在交流耐压试验时产生的介质损耗较大，易引起绝缘发热，促使绝缘老化变质。因此，直流耐压试验对绝缘的损伤程度比交流耐压小。

（3）在直流电压作用下绝缘内部的电压分布由电导决定，与交流电压作用下的电压分布不同。

由于直流电压下的介质损耗小，局部放电的发展也远比交流耐压试验时弱，因此为使试验具有等效性，在进行直流耐压试验时应提高试验电压，加压试验时间。

第四节　冲击耐压试验

为检验绝缘在冲击电压下的性能，需进行冲击耐压试验。

一、冲击高压产生

产生冲击高压的多级冲击电压发生器原理接线见图 4-17，其原理为"并联充电，串联放电"。

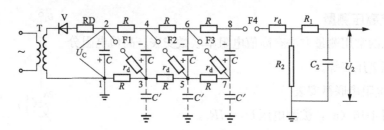

图 4-17　多级冲击电压发生器原理接线图

　　工频试验变压器 T 经过整流元件 V、保护电阻 RD 和充电电阻 R 向各级主电容 C 充电。到达稳态时，点 1、3、5、7 电位为零；点 2、4、6、8 电位为 $-U_C$。各级球隙击穿电压调整到稍大于 U_C。当充电完成后，可设法使点火间隙 F1 点火击穿，直接将节点 2 和 3 连接起来（阻尼电阻器 r_d 是为了消除在各级球隙放电时某些杂散电容和寄生电感引起的局部振荡，其阻值数十欧姆），此时节点 3 电位立即由零突然变成 $-U_C$（节点 2 电位）；节点 4 电位相应地变成 $-2U_C$。节点 5 由于 R 的隔离，仍然为零电位。这样，作用在火花间隙 F2 上电位差将由原来的 U_C 变为 $2U_C$，F2 将很快击穿。同样，在 F2 被击穿后，直接将节点 4 和 5 连接起来，此时节点 5 电位立即由零突然变成 $-2U_C$（节点 4 电位）；节点 6 电位相应地变成 $-3U_C$。而节点 7 的电位仍为零电位。这样，作用在火花间隙 F3 上的电位差将由原来的 U_C 变为 $3U_C$，F3 将迅速击穿。依此类推，F4 将在 $4U_C$ 电位差作用下加速击穿。

　　这样，全部电容器就被串联起来经各级阻尼电阻 r_d 及波头电阻 R_1 对 C_2 充电，形成冲击电压波前。当主电容将 C_2 充电到电压与之相等时，它们都通过波尾电阻 R_2 放电而形成波尾。

二、波前、波尾时间计算

　　波前、波尾时间计算可通过标准波形（见图 4-18）参数得到。

1. 波前

图 4-19（a）中波前阶段主电容对 C_2 充电，C_2 上电压

$$u_2(t) = U_{2m}(1 - e^{-\frac{t}{\tau_1}})$$

$$\tau_1 = (R_1 + \sum r_d)\frac{C_1 C_2}{C_1 + C_2} \approx (R_1 + \sum r_d)C_2$$

式中　τ_1——波前时间常数。

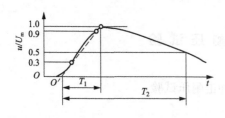

图 4-18　标准冲击电压波形

T_1—视在波前时间；T_2—视在半峰值时间；U_m—冲击电压峰值

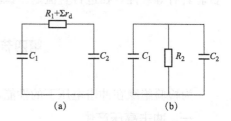

图 4-19　等值电路

（a）波前等值电路；（b）波尾等值电路

根据图 4-18，$u_2(t_1) = 0.3U_{2m}$；$u_2(t_2) = 0.9U_{2m}$。因此，通过推导波前时间

$$T_1 = 1.67\tau_1\ln7 = 3.24(R_1 + \sum r_d)\frac{C_1C_2}{C_1 + C_2} \approx 3.24(R_1 + \sum r_d)C_2$$

2. 波尾

图 4-19（b）中 C_2 充电完成后，C_1 和 C_2 通过 R_2 放电，在 C_2 上形成了冲击电压波尾部分，则 C_2 电压

$$u_2(t) = U_{2m}e^{-\frac{t}{\tau_2}}$$

$$\tau_2 = R_2(C_1 + C_2) \approx R_2C_1$$

式中　τ_2——波尾时间常数。

根据图 4-18，$u_2(T_2) = 0.5U_{2m}$，故半峰值时间

$$T_2 = \tau_2\ln2 = 0.7R_2(C_1 + C_2) \approx 0.7R_2C_1$$

三、冲击电压测量

冲击电压测量方法主要有球隙测量、分压器—峰值电压表测量、分压器—示波器测量等。

球隙测量和分压器—峰值电压表测量只能测量冲击电压峰值；而分压器—示波器测量则能记录波形，不仅能指示冲击电压峰值，而且还能显示冲击电压随时间的整个变化过程。

第五节　直流电阻测量技术

测量直流电阻是判断导体导电性能好坏的一个重要指标。在接地线的考核评价上，直流电阻测量是其预防性试验的主要内容。通过直流电阻测量，对于验收检验，可发现导线材质、截面和端子等质量；对于预防性试验，可发现在使用中如断丝、连接处接触不良等缺陷，为判断接地线是否继续符合规定要求提供直接证据。

用于测量直流电阻的定型仪器，按工作原理分为电桥平衡法、伏安法和电压降法三种。

一、电桥平衡法

利用电桥平衡法的有单臂电桥、双臂电桥。电桥常用于对测量精度（可达 0.01% 以上）要求较高的导体性能研究。

二、伏安法

利用伏安法的有万用表、普通电阻表，常用于日常电阻测量，但在测量接地线毫欧姆级甚至微欧姆级微电阻时，因分辨力限制，显示为零而无法测量。

三、电压降法

利用电压降法的为回路电阻测试仪。其特点是分辨力小（$1\mu\Omega$），测量微电阻能力强；

设备输出电流大于 20A,电压采样方便,提高电阻测量准确度。

1. 工作原理

由图 4-20 测得电阻电压 U 和电流 I,即可得 $R=U/I$。

仪器由直流发生器、电压测量模块、电流测量模块、控制及保护模块、运算模块、显示模块和散热系统等组成。经恒流控制的开关电源,输出一个恒定的直流电流至被测试回路,仪器自动采集回路电流和试品两端电压,并通过仪器内置的单片机进行分析计算,显示器显示被测试品直流电阻值,见图 4-21。

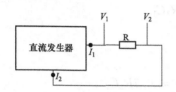

图 4-20 电压降法原理图

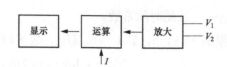

图 4-21 数据运算和显示原理图

2. 测试方法

接好外电源线,用专用测试线连接试品及仪器。电源开关置开;按测试键,电流表指示输出电流,经过数秒钟后显示测试电阻值,仪器自动关闭电流,电流表回零。间隔 20～60s 后,仪器可进行下一次测试。测试完毕,关闭主机电源,拆除电源线及测试线。

3. 注意事项

仪器接地应良好,以减少外界电磁干扰信号对测量结果的影响。

(1) 测试前宜先用万用表 1Ω 挡测量接地线电阻,以判断接地线连接是否良好。

(2) 当散热风扇异常或停止工作时应立即停止测试。

(3) 连接回路时,应先接电流回路,再接电压回路。

(4) 两次测量之间应保持一定的时间间隔:一是防止仪器功率元件温度上升,二是防止被测回路温度上升。

(5) 电阻应进行温度换算:一是导体电阻随温度升高而增大,二是相关规程规定的是 20℃温度下的电阻值。20℃时电阻换算

$$R_{20} = \frac{R_\theta}{1+\alpha_{20}(\theta-20)}$$

式中　R_{20}——20℃时电阻值,Ω;

　　　R_θ——温度时电阻值,Ω;

　　　α_{20}——温度系数,1/℃铜、铝取值为 4×10^{-3}。

第六节　电气试验安全要求

GB 26861—2011《电力安全工作规程　高压试验室部分》规定了高压试验室基本安全

要求、管理措施、技术措施等。

一、基本安全要求

1. 高压试验人员

高压试验人员应具有高压试验专业知识，熟悉试验设备和试品，并经培训考试合格；应身体健康，学会触电急救法，会使用试验室消防设施。

2. 高压试验室

（1）应有良好的接地系统，以保证高压试验测量准确度和人身安全。接地电阻不超过0.5Ω。试验设备接地点与试品接地点之间应有可靠的金属性连接。试验室内金属架构、金属安全屏蔽遮（栅）栏均应接地。接地点宜有明显标志。每5年测量接地电阻，检查接地线和接地点连接。

（2）应采用安全遮栏或隔离带围成试区，试区内不应堆放杂物。

（3）应保持光线充足，门窗严密，通风设施完备；周围应有消防通道。控制室应铺橡胶绝缘垫。应配备安全工器具、防护用品以及应急照明电源。

二、安全管理措施

高压试验室应制订安全规范、设备安全操作细则和试验作业指导书等。

（1）应设立专职或兼职安全员，负责监督检查安全规程的贯彻执行和事故调查处理。

（2）进行高压试验时应明确试验负责人，试验人员不得少于2人。由试验负责人统一发布操作指令，试验人员不应擅自操作。

（3）高压试验室技术负责人应由从事高压试验工作5年以上，并具有工程师及以上职称的人员担任。试验负责人应由从事高压试验工作2年以上的助理工程师及以上职称人员或技术熟练的高压试验工担任。

三、安全技术措施

1. 设置遮栏

（1）高压试区周围应设置遮栏，悬挂"止步，高压危险！"标示牌，应朝向遮栏外侧。

（2）必要时通往试区的安全遮拦门与试验电源应有联锁装置。

（3）在户外试验场试验时，应派专人监视。

（4）屏蔽遮栏宜由金属制成，可靠接地，其高度不低于2m。

（5）在同一试验区内同时进行不同的高压试验时，各试区间应用遮栏隔开。

2. 安全距离

（1）交流或正极性操作冲击试验时最高试验电压与高压电极对接地体或其他导电体间最小间隙距离的关系曲线见图4-22，安全距离应不小于1.5倍最小间隙距离。

（2）高压引线及带电部件至遮栏距离应大于表4-1和表4-2中数值。适用海拔不高于1000m地区，高于1000m按GB 311.1《高压输变电设备的绝缘配合》规定进行修正。

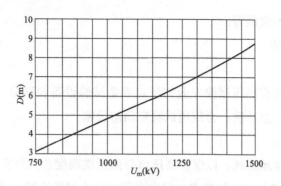

图 4-22　交流或正极性操作冲击试验时最高试验电压与高压电极对接地体或
其他导电体间最小间隙距离的关系曲线

表 4-1　　　　　　　交流（有效值）和直流（最大值）试验安全距离

试验电压（kV）	200 及以下	500	750	1000	1500
安全距离（m）	1.5	3	4.5	7.2	13.2

表 4-2　　　　　　　　　操作冲击试验（峰值）安全距离

试验电压（kV）	500 及以下	1000	1500	2000	3000
安全距离（m）	3	7.2	13.2	16	30

3. 人员防护

当试验电压较高（冲击试验电压高于 2000kV）时，可能出现异常放电，所有人员应留在如控制室、观察室或屏蔽遮栏外的安全地带。

4. 接地与接地放电

（1）高压试验设备和试品接地端应良好接地，接地线应采用多股编织裸铜线或外覆透明绝缘层铜质软绞线或铜带，其截面面积不得小于 4mm²。动力配电装置上所用接地线截面面积不得小于 25mm²。接地连接应采用螺栓连接在固定接地桩（带）上，接地线长度应尽可能短且明显可见。不得将接地线接在水管、暖气片和低压电气回路中性点上。进行高压试验时其他设备应短接并接地。

（2）接地放电棒绝缘长度按安全作业要求选择，总长度不得小于 1000mm，绝缘部分 700mm。使用接地棒时，手不得超过握柄护环。接地线与人体距离应大于接地棒有效绝缘长度。变更冲击电压发生器波头和波尾电阻或直流发生器更换极性前，应对电容器及充电电路逐级短路接地放电或启动短路接地装置。放电后将接地棒挂在高压端，保持接地状态，再次试验前取下。

四、高压试验工作过程

1. 试验准备

试验开始前，试验负责人布置试验任务，检查安全措施已完备、试验接线正确、测量系统处于开始状态、高压端接地线已拆除、人员已转移到安全地带、试验区栅栏门已关上。检查无误后方可开始试验升压。

2. 试验升压

由试验负责人下令加压，操作人员应复诵"准备升压"并鸣铃示警，然后操作电源开关合上电源，按规定的升压速率升高电压到规定的试验电压值。升压过程中应有人监护并呼唱，有专人监视试验设备及试品，若发现异常情况，应立即停止试验，将电压降至零，断开电源。

3. 试验间断和结束

断开电源后，电源开关把手上悬挂"禁止合闸，有人工作!"警示牌，试验人员进入试验区，对试验设备和试品进行接地放电。更换试品、更换接线或检查试验异常原因。再一次试验时，应重新检查试验接线和安全措施。试验人员离开试验室前，应切断相关电源。

五、其他安全措施

试验室安全工器具应按规定做预防性试验。

第七节 电气试验设备简介

电力安全工器具品种繁多，根据其不同的试验方法研发了各种电气试验设备。

一、智能耐压控制系统

图 4-23 所示智能耐压控制系统由控制台、分压器和试验变压器组成，其特点如下。

(1) 采用一体化设计，可手动控制也可由计算机自动控制。

(2) 可根据不同试验方法进行在线编辑。试验过程全自动进行，保持试验时间，计时到自动降压并记录泄漏电流，回零后自动断电并提示。

(3) 具有过电流、过电压、击穿保护和高压危险警示灯显示。

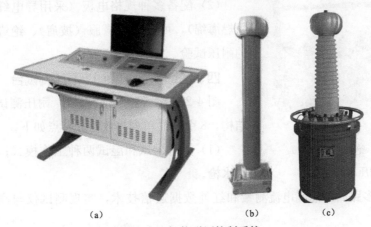

(a)　　　　　　　　(b)　　　　(c)

图 4-23　智能耐压控制系统

(a) 控制台；(b) 分压器；(c) 试验变压器

二、圆形绝缘杆耐压测试装置

图 4-24 所示圆形绝缘杆耐压测试装置可用于绝缘杆工频耐压试验,其特点如下。

(1) 顶部具有一个直径 2m 的均压环与底座采用环氧棒连接形成圆形框架。

(2) 均压环上有 8 个工位,可悬挂 8 支绝缘杆,间距不小于 0.5m,节省空间。

(3) 绝缘杆下部具有接地电极环,宽度 50mm。接地环由电机拖动通过中间丝杠在框架上下移动,通过按钮或遥控器控制(有快速和慢速两挡)调节试验长度。

三、绝缘服试验平台

图 4-25 所示绝缘服试验平台可自动升压完成绝缘服耐压试验,其特点如下。

图 4-24 圆形绝缘杆耐压测试装置

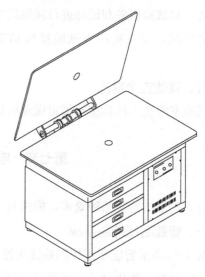

图 4-25 绝缘服试验平台

(1) 平台上部配置透明绝缘电动压板,保证与电极接触良好。

(2) 配备多种规格电极(采用导电纤维布料内填阻燃海绵),可进行绝缘服(披肩)、绝缘垫(毯)等的耐压试验。

四、绝缘手套(靴)耐压测试台

图 4-26 所示绝缘手套(靴)耐压测试台采用台式结构,8 个试品单列排放,其特点如下。

(1) 具有干试和湿试两种工作模式;装有电动注水水枪。

图 4-26 绝缘手套(靴)
耐压测试台

(2) 采用多路高压泄漏电流测量和红外数据通信技术,实现测试仪与高压系统完全隔离。

第五章　机械性能与试验

各种电力安全工器具及小型施工机具由不同材料制成，在使用过程中将承受各种不同的载荷。本章主要介绍力学基本概念、金属材料及非金属材料力学性能、温度对材料力学性能的影响和机械性能试验设备简介等。

第一节　力学基本概念

力学是研究物体机械运动（指物体在空间的位置随时间而发生变化）一般规律的学科。

自然界中的物体，由于相互间力的作用，使物体处于平衡状态［指物体相对于地球（参考体）处于静止状态或做匀速直线运动状态］或运动状态，同时使物体的形状发生改变。使物体状态发生改变是力的外效应；使物体发生变形是力的内效应。

工程中力学设计的主要任务是保证构件在确定的外力作用下正常工作而不失效，即具有足够的强度、刚度和稳定性。强度是指构件在外力作用下不发生断裂或塑性变形的能力；刚度是指构件在外力作用下不发生过大的弹性变形的能力；稳定性是指构件在外力作用下能保持其原有平衡形态的能力。

任何固体在外力作用下均将发生变形，若卸除外力后能完全消失的变形，称为弹性变形；不能消失而残留下来的那一部分变形，称为塑性变形。变形固体具有均匀连续性和各向同性与各向异性的基本属性。

一、均匀连续性

实际变形固体的材料，从微观的层次看是不连续的，因为组成固体的粒子之间存在着空隙，但这种空隙与构件的尺寸相比及其微小，可假定固体内毫无空隙地充满了物质，这就是变形固体的连续性假设。组成固体的粒子，彼此的物理性质并不完全相同，但因构件的任一部分都包含为数极多的微小粒子，而且无规则地排列着，从统计平均的角度看，认为由同一种材料组成的构件，各处的物理性质是相同的，这就是变形固体的均匀性假设。

二、各向同性与各向异性

材料沿不同方向上的力学性能都相同，称为各向同性；绝大多数材料如金属、工程塑料、搅拌均匀的混凝土等，都可视作各向同性材料。材料沿不同方向的力学性能不同，称为各向异性，如木材、竹子、纤维增强复合材料等，其整体的力学性能具有明显的方向性。

第二节　金属材料力学性能

金属材料力学性能包括强度（拉、弯、压、扭、剪）、弹性、塑性、韧性、硬度和疲劳等性能。

一、金属拉伸试验

金属拉伸试验是力学性能中最基本的试验，也是检验金属材料内在质量的重要试验项目之一。在温度、加载速度和应力状态基本恒定的情况下的拉伸试验，称静载荷试验。试验标准为 GB/T 228.1—2010《金属材料　拉伸试验　第 1 部分：室温试验方法》。

1. 拉伸图

在材料试验机上进行静拉伸试验，试样在负荷平稳增加下发生变形直至断裂可得出一系列的强度、塑性等指标。通过试验机自动记录装置可绘出试样在拉伸过程中的伸长和负荷之间的关系曲线（$F-\Delta L$ 曲线），称为拉伸图。图 5-1 所示为低碳钢拉伸图。

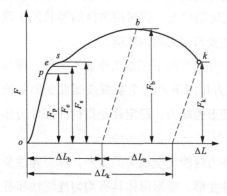

图 5-1　低碳钢拉伸图

拉伸图纵坐标表示负荷 $F(\mathrm{N})$，横坐标表示绝对伸长 $\Delta L(\mathrm{mm})$。

拉伸过程中，开始试样伸长随载荷成比例地增加，保持直线关系。载荷超过一定值以后，拉伸曲线开始偏离直线。保持直线关系的最大载荷是比例极限载荷 F_p，F_p 除以试样原始截面积 S_0 即得到比例极限 σ_p。

F_p 前的变形是弹性变形，其物理特性符合虎克定律，即应力与应变成正比例关系。

当载荷大于 F_p 后再卸荷时，试样的变形只能部分恢复，而保留一部分残余变形，为塑性变形；开始产生微量塑性变形的载荷是弹性极限的载荷 F_e，F_e 除以 S_0 即得到弹性极限 σ_e。

一般 F_e 和 F_p 是很接近的。

当载荷增加到一定值时，拉伸图上出现平台或锯齿状。这种在载荷不增加或减小的情况下，试样还继续伸长的现象叫作屈服；屈服阶段的最小载荷是屈服点载荷 F_s，F_s 除以 S_0 即得到屈服点 σ_s。

屈服后金属开始明显塑性变形，试样表面出现滑移带。要使其继续发生变形，则要克服其中不断增长的抗力，这是由于金属材料在塑性变形过程中不断发生强化。这种随着塑性变形增大、变形抗力不断增加的现象叫作形变强化。由于形变强化的作用，这一阶段的变形主要是均匀塑性变形和弹性变形。当载荷达到最大值 F_b 后，试样的某一部位截面积开始急剧缩小，出现"缩颈"现象，此后的变形主要集中在缩颈附近，直至达到 F_k 试样拉断。最大载荷 F_b 除以 S_0 即得到强度极限（抗拉强度）σ_b。

拉断时载荷 F_k 除以试样断裂后缩颈处截面积 S_k 即为断裂强度 σ_k。

拉伸试验还可得到伸长率 δ 和断面收缩率 ψ 等塑性指标

$$\delta = \frac{L_k - L_0}{L_0} \times 100\%$$

$$\psi = \frac{S_0 - S_k}{S_0} \times 100\%$$

金属在外力作用下的变形过程分为弹性变形、弹塑性变形和断裂 3 个阶段，也可把拉伸图分为弹性变形（oe 段）、屈服变形（es 段）、均匀塑性变形（sb 段）和局部集中塑性变形（bk）4 个部分。

2. 应力—应变图

金属材料在受到外力作用时，其内部就产生了抗力，用应力来表示。应力是材料在单位截面面积上的内力。拉伸图只代表试样的力学性质，与试样尺寸有关；将纵坐标 F 除以 S_0、横坐标 ΔL 除以试样标距 L_0，则得到与试样尺寸无关的应力—应变曲线（σ—ε 曲线）。图 5-2 为低碳钢 σ—ε 曲线。从 σ—ε 图可直接读出弹性模量 $E\left(E = \tan\alpha = \dfrac{\sigma}{\varepsilon}\right)$、比例极限 σ_p、弹性极限 σ_e、屈服点 σ_s、抗拉强度 σ_b、均匀伸长率 δ_b、局部集中伸长率 δ_n、总伸长率 δ_k 等指标。

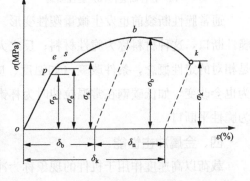

图 5-2　低碳钢 σ—ε 曲线

二、金属变形

金属在外力作用下产生形状或尺寸的变化叫作变形，根据外力去除后变形恢复与否可分为弹性变形和塑性变形两种，能恢复的变形叫作弹性变形，不能恢复的变形叫作塑性变形。从拉伸曲线可以看出，金属在外力作用下首先发生弹性变形，当外力超过弹性极限后就发生塑性变形，同时还伴有弹性变形和形变强化。金属塑性变形一般有如下特点：

（1）塑性变形是一种不可逆变形，且变形量远大于弹性变形量。

（2）塑性变形阶段除了塑性变形本身外还伴随有弹性变形和形变强化。

（3）应力、温度和时间（或变形速度）是影响塑性变形的因素。

（4）塑性变形主要由切应力引起，使晶体产生滑移等变形。

（5）塑性变形还会引起密度降低、电阻和矫顽力增加等物理性能的变化。

绝大多数金属工件在其服役过程中都处于弹性变形状态，不允许有微量的塑性变形产生，所以屈服点是重要的强度指标。在金属材料的屈服阶段指标中有明显屈服现象的屈服点 σ_s、上屈服点 σ_{su}、下屈服点 σ_{sl}，以及没有明显屈服现象的有条件屈服点，如 $\sigma_{0.2}$。

三、金属断裂及断口分析

在应力作用下，使金属分成两个或几个部分的现象称为完全断裂；金属内部存在裂纹则称为不完全断裂。断裂类型按照材料断裂前所产生的宏观塑性变形量大小来确定，分为韧性断裂和脆性断裂。

韧性断裂的特征是断裂前发生明显的宏观塑性变形，用肉眼或低倍显微镜观察时断口呈暗灰色、纤维状，如低碳钢拉伸试样的杯状断口，见图 5-3（a）。

脆性断裂的特征是断裂前基本上不发生明显的塑性变形，脆性断口平齐而光亮呈结晶状，且与正应力方向垂直，见图 5-3（b）。脆性断裂还具有脆断时承受的工作应力很低（一般低于材料的屈服极限）、脆性断裂的裂纹源总是从内部的宏观缺陷处开始、温度降低脆断倾向增加等特点。脆性断裂是一种突然发生的断裂，没有明显征兆，因而危害性很大。

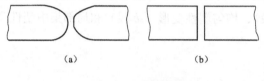

图 5-3　断裂示意图
(a) 韧性断裂；(b) 脆性断裂

通常脆性断裂前也发生微量塑性变形。一般光滑拉伸试样的断面收缩率小于 5% 则为脆性断口，这种材料称为脆性材料；反之大于 5% 时为韧性材料。脆性断裂和韧性断裂只是相对的定性概念，条件改变（如温度、应力、环境等），材料的韧性断裂、脆性断裂行为也会改变，如低碳钢在常温拉伸时为杯锥状韧性断口，若在缺口、低温拉伸时就可能成为脆性平断口。

四、金属冲击性能

载荷以高速度作用于机件的现象称为冲击。金属对冲击载荷的抗力和对静负荷作用时的抗力不同，主要差异在于加载速度不同，金属在冲击载荷下的抗力指标主要是冲击功。冲击功是指一定尺寸和形状的金属试样在规定类型的试验机上受冲击载荷作用而折断时所吸收的功（用 A_K 表示）。长期以来冲击功作为金属材料抵抗冲击载荷的抗力指标，用以评定材料的韧性断裂、脆性断裂程度，即用击断试样所需的能量来综合地表示材料的强度和塑性。虽然冲击试验中测定的冲击功 A_K 并不能直接地用于工程计算，但它们对金属材料的组织结构、冶金缺陷敏感，尤其在测定钢的缺口敏感度方面很有用，且与强度指标等结合起来可以较好地评价金属材料的性能，所以在材料检验、质量控制、新材料开发研究等方面被广泛应用。

五、金属硬度

硬度是衡量金属材料软硬程度的一种性能指标，试验方法可分为压入法（如布氏、洛氏、维氏等）、刻划法（如莫氏法等）、回跳法（如肖氏法）等。压入法的硬度值代表的是材料表面抵抗另一物体压入时所引起的塑性变形的能力；刻划法硬度值代表的是金属抵抗表面局部断裂的能力；回跳法硬度则代表金属弹性变形功的大小。实践证明，金属材料强度越高，塑性变形抗力越高，其硬度值也越高，反之亦然。

六、金属扭转试验

圆柱形试样在扭转试验时，试样表面应力状态见图 5-4，最大切应力和正应力绝对值相当，夹角一定，且试样横截面上沿直径方向切应力和切应变分布是不均匀的，图 5-5 和图 5-6 中表面应力和应变最大。扭转试验可灵敏地反映材料的表面缺陷。

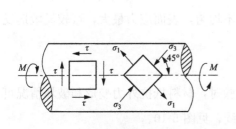 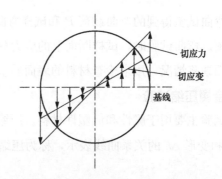

图 5-4　扭转试样表面应力状态　　图 5-5　扭转弹性变形时断面切应力和应变的分布情况

通过扭转试验，根据每一时刻加于试样上的扭矩 M 和扭转角 φ（试样标距 L_0 上的两个截面间的相对扭转角）绘制成 M—φ 曲线称为扭转图。图 5-7 为退火低碳钢的扭转图。

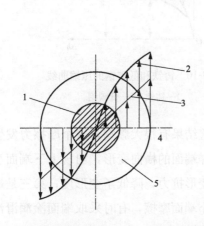

图 5-6　扭转塑性变形时断面应力和应变的分布情况　　图 5-7　退火低碳钢的扭转图
1—弹性变形区；2—切应力；3—切应变；
4—基线；5—塑性变形区

七、金属弯曲试验

弯曲试验加载方式主要有集中加载（三点弯曲）和等弯矩弯曲（四点弯曲），见图 5-8。

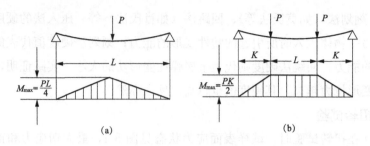

图 5-8　弯曲加载方式及弯矩图

(a) 三点弯曲；(b) 四点弯曲

通过弯曲试验得到的弯曲载荷 P 和试样弯曲挠度 f 的关系曲线称为弯曲图，图 5-9 为铸铁弯曲图。弯曲试验时，试样断面上的应力分布不均匀，表面应力最大，可较灵敏地反映材料表面缺陷情况，用来检查材料的表面质量。

八、金属压缩试验

压缩试验主要用于脆性和低塑性材料。压缩试验时，材料抵抗外力变形和破坏情况可用压力 F 和变形 Δh 的关系曲线表示，称为压缩曲线，见图 5-10。

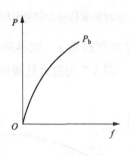

图 5-9　铸铁弯曲图

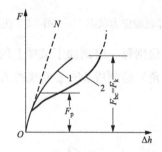

图 5-10　铸铁和低碳钢的压缩曲线

1—铸铁；2—低碳钢

压缩试验时，试样端部的摩擦阻力对试验结果有很大影响，这个摩擦力发生在上下压头和试样端面之间。首先这种摩擦力阻碍试样端面的横向变形，出现上下端面小而中间凸的形状，即腰鼓形；其次端面摩擦力提高了变形抗力，降低了变形度；第三是端面摩擦力影响了破坏形式，因此压缩试验时要设法减小端面摩擦，有时采取端面涂润滑油脂或加工带蓄油槽试样，以尽量稳定试验结果。

九、金属疲劳

机件在交变应力作用下的损坏叫疲劳破坏。金属疲劳按受力方式有弯曲疲劳、扭转疲劳、拉力疲劳、复合疲劳等，按应力大小及其循环周次有高周疲劳（10^5 以上循环次数）和低周疲劳（$10^2 \sim 10^5$ 循环次数），以及按其他特性分类的高温疲劳、低温疲劳、腐蚀疲劳、接触疲劳等。

第三节　非金属材料力学性能

在电力安全工器具和小型施工机具的制作材料中，除了金属材料外，还涉及了的非金属材料，如木材（竹木梯）、高分子材料（塑料、橡胶和纤维）和复合材料（绝缘杆）等。

一、木材

木材是一种由许多管状细胞组成的纤维状天然材料，其力学性能具有方向性，平行于木纹（称为顺纹）和垂直于木纹（称为横纹）有明显的不同，是属于各向异性材料。

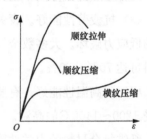

木材的力学性能因树种、产地、生长条件等不同而有很大的差异。图 5-11 是松木在顺纹拉伸、压缩和横纹压缩时的 $\sigma—\varepsilon$ 曲线。顺纹方向的抗拉强度大于抗压强度，而顺纹方向的抗压强度又大于横纹方向的抗压强度。木材顺纹方向的抗拉强度虽然很高，但因受木节等缺陷的影响，其数值波动较大，而抗压强度受其影响较小。因此，在工程中被广泛用作柱、斜撑等承压构件。木材横纹方向的抗拉强度很低，在工程中应避免横纹受拉。

图 5-11　木材拉压的 $\sigma—\varepsilon$ 曲线

二、高分子材料

高分子材料是以高分子化合物（指分子量很大的有机化合物，常称为聚合物）为主要组成部分的材料。自 20 世纪 70 年代开始，高分子材料的发展非常迅速，在三大高分子材料（塑料、橡胶和纤维）中，尤其以塑料的增长最快。

高分子材料的种类很多，力学性能有很大差异。图 5-12（a）是硬而脆的高分子材料的 $\sigma—\varepsilon$ 曲线，如聚苯乙烯、有机玻璃等。具有一定强度和韧性的结晶态高分子材料，通常表现出图 5-12（b）所示的变形行为，如聚酰胺（尼龙）、聚碳酸酯等。图 5-12（c）是典型的高弹性材料。

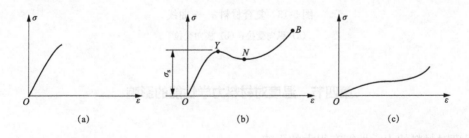

图 5-12　高分子材料 $\sigma—\varepsilon$ 曲线

（a）硬而脆高分子材料；（b）结晶态高分子材料；（c）高弹性材料

三、复合材料

复合材料是由两种或两种以上性质不同的材料组成的一种多相固体材料。目前工程上广泛使用的纤维增强复合材料，就是由一种制成极细纤维的材料充分地分散于另一种材料制成的，前一种材料称为增强材料，后一种称为基体。作为增强材料的纤维有玻璃纤维、碳纤维、硼纤维等；作为基体材料的有塑料、金属、橡胶、陶瓷等。

纤维复合材料与传统的金属材料相比，有如下特点。

（1）比强度和比刚度高。复合材料具有较高的比强度（单位体积质量的强度）和比刚度（单位体积质量的刚度），可以减轻构件的质量。

（2）具有可设计性。复合材料性能，除了取决于纤维和基体本身的性能外，还取决于纤维的含量和铺设方向，就可以根据实际的受力情况进行优化设计。

（3）抗疲劳性能好。疲劳失效是材料在交变载荷作用下，由于裂纹的形成和扩展而引起的低应力破坏。大多数金属材料的疲劳极限是其抗拉强度的 $40\%\sim50\%$，而碳纤维复合材料可达 $70\%\sim80\%$。

（4）耐高温性能好。有些复合材料的耐高温性能很好，如纤维增强陶瓷基复合材料能承受 $1200\sim1400℃$ 的高温。

纤维复合材料的力学性能与纤维的铺设方向有很大关系，属于各向异性材料。单向纤维复合材料（碳纤维、环氧树脂基体），沿着纵向和横向受拉时的 $\sigma—\varepsilon$ 曲线见图 5-13。从图 5-13 可见，直至断裂前基本上是线弹性的且强度高，但塑性较差。沿着纤维方向的抗拉强度和弹性模量均远大于横向。

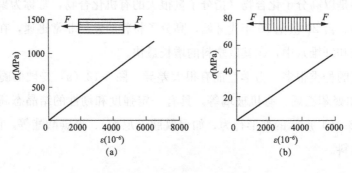

图 5-13 复合材料 $\sigma—\varepsilon$ 曲线

（a）纵向受拉；（b）横向受拉

第四节 温度对材料力学性能的影响

温度对材料的力学性能有很大的影响。

一、金属材料

金属材料在低于室温的情况下，随着温度的降低，强度提高而塑性降低；在高于室温的情况下，随着温度的增加，总的趋势是强度降低而塑性则显著增大。

二、非金属材料

非金属材料中高分子材料对温度很敏感，特别是热塑性材料（加热软化、冷却固化可以重复出现的聚合物），受温度的影响非常明显。高分子材料的弹性模量、屈服应力和抗拉强度随温度的提高而下降，而伸长率则随温度的提高而增大。大多数高分子材料只能在100℃以下使用，只有少数几种可以在 200℃ 的环境下使用。在低温下很容易发生脆性断裂。

第五节　机械性能试验设备简介

在电力安全工器具和小型施工机具的机械性能试验中，常用到安全帽冲击试验机以及安全带、脚扣、梯具、葫芦等静负荷试验的拉力试验机等。

一、安全帽冲击试验机

安全帽冲击试验机适用于安全帽冲击吸收与耐穿刺性能试验，见图 5-14。

1. 试验过程

检查设备无异常后通电。

（1）按照主机部分控制说明，将安全帽冲击高度调整到位。

（2）按冲击采集部分控制说明，点击开始按键。

（3）按控制台上释放按键，进行安全帽冲击试验。

（4）冲击吸收性能试验时，记录最大冲击力，并检查安全帽外观。

（5）耐穿刺性能试验时，确保钢锥后面的电线有效连接，冲击后如有报警信号，说明钢锥已触及安全帽头模。

2. 注意事项

开机前应检查电源线和接地线的连接情况。

（1）测试过程中操作人员应在 50cm 黄线之外的安全区，不得离岗。

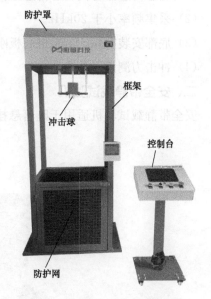

图 5-14　安全帽冲击试验机

（2）对试样进行更换或调整操作时，应确认试验机处于停机状态。

（3）头模处未安装安全帽时，严禁进行冲击试验。

（4）不得自行拆开机架、控制台。

3. 常见故障处理

（1）开机无显示。检查两相三线制电源连接是否完好、进线电源是否完好、电路板连接线是否完好。

（2）冲击高度无法调节。检查急停是否处于按下状态、两相三线制电源是否连接完好、电动推杆是否完好。

（3）冲击高度不显示。检查有无异物遮挡红外测距头、红外测距头连线是否牢固。

（4）无冲击力值显示。检查传感器是否连接可靠、传感器是否损坏。

（5）无法释放。检查按键是否损坏、连接线是否正常。

4. 维护和保养

应定期对电路、控制系统等进行维护和保养。

（1）设备应放置于干燥的环境中，保持设备清洁。

（2）防止高温、灰尘（沙粒）、腐蚀性介质、水等侵入。

（3）对设备定期进行防锈蚀处理。

（4）设备长时间不用时，应关闭开关并拔出插头。

5. 安全帽试验机存在问题

（1）静态传感器替代动态传感器。

（2）采集频率小于 20kHz。

（3）底部安装支脚的试验机底板刚性不足。

（4）冲击力测量误差大。

二、安全带静载试验机

安全带静载试验机适用于坠落悬挂和围杆作业安全带静载荷试验，其结构见图 5-15。

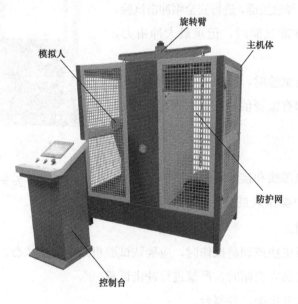

图 5-15　安全带静载试验机结构图

1. 操作过程

检查控制台与机架连接的电缆应完好无破损。

（1）转动控制台上电源开关，设备通电，电源指示灯亮，触摸屏启动，见图5-16。

（2）点击触摸屏起始界面的"静载测试"按钮，进入测试界面，见图5-17。

图 5-16 触摸屏启动界面

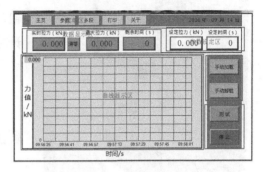

图 5-17 测试界面

（3）将待测试样放入测试区，调整试样与挂点至适宜位置。

（4）操作手动操作区的"手动加载""手动卸载"按钮，调整加载机构位置。

（5）在参数设定区输入测试标准的拉力与保载时间，点击测试操作区的"测试"按钮，设备启动加载，设备达到设定拉力值后，进入保载阶段，计时结束后，设备自动卸载并进入停止状态。

（6）测试过程中，按下测试操作区的"停止"按钮，可中断测试进程，此时可进行手动卸载或重新开始测试。

（7）测试过程中，按下"急停"按钮可停止加载或保压，此时可进行手动卸载或重新开始测试。

2．注意事项

（1）不得超负荷进行加载。

（2）手动停止试验后，应手动卸载后方可再次进行测试。

3．常见故障及处理

（1）电动机声音大、转速减慢、油压低。首先按急停按钮，切断电源；再检查两相三线制电源是否连接完好、交流接触器吸合是否正常、电动机是否完好。

（2）液压泵工作但油缸不动作。首先检查液压油是否充足，再检查电动机是否反转、电磁阀连接线是否完好、油路是否堵塞。

（3）油管漏油。检查油管接头是否松动、油管接头密封圈是否老化。

三、脚扣静载试验机

脚扣静载试验机适用于脚扣及登高板的静载荷试验，结构见图5-18。

1．操作过程

（1）设备通电，点击"静载测试"按钮，进入测试界面，见图5-17。

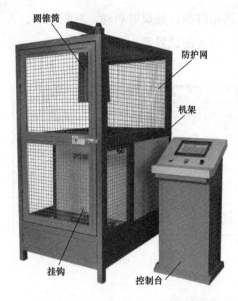

图 5-18　脚扣静载试验机结构图

圆锥筒
防护网
机架
挂钩
控制台

（2）将试样按标准要求安装在圆锥桶的测试杆上，调整试样至适宜位置，调整加载机构位置。

（3）设定拉力与保载时间，点击"测试"按钮，设备启动加载，达到设定拉力值，进入保载，计时结束后，设备自动卸载并进入停止状态。

2. 注意事项

开机前先检查电源线及油箱液压油。

（1）加载块与加载机构连接使用的钢丝绳与铁链长度应调整至合适位置。

（2）加载块应与试样接触紧密，防止在试验过程中滑脱。

四、梯具试验机

梯具试验机采用变频电机控制和丝杆加载方式，具有质量轻、便于搬运、低噪声、控制稳定等优点，适用于移动检测，见图 5-19。操作过程如下。

待测试样
支撑杆
机架
滑轮

图 5-19　梯具试验机

（1）检查控制台与机架连接的电缆应完好无破损。加载侧末端使用膨胀螺栓与地面连接或将配重块安装至加载侧末端，并用螺栓固定。

（2）设备通电，触摸"进入测试"按钮，进入测试界面，见图 5-17。

（3）将待测试样靠在支撑杆上，调整试样与滑轮至合适位置，调整加载机构位置。

（4）设定拉力与保载时间，点击"测试"按钮，设备启动加载，达到设定拉力值，进入保载，计时结束后，设备自动卸载并进入停止状态。

五、便携式伺服加载装置

便携式伺服加载装置适用于安全带、脚扣、登高板、梯具等静负荷试验的便携式加载，见图 5-20。

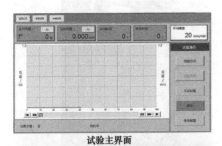

试验主界面

控制设备界面

图 5-20　便携式伺服加载装置

1. 特点

（1）系统集成化，质量轻便于携带。

（2）具有负荷和位移闭环两种控制方式，响应迅速、灵活多变。

（3）采用人机界面显示，伺服电机驱动加载，操作便捷。

（4）设备加载可靠、运行平稳、测量准确。

2. 使用场合示例

使用场合示例分别见图 5-21～图 5-26。

图 5-21　坠落悬挂安全带加载方式　　　　图 5-22　安全带腰带加载方式

图 5-23　安全带双工位加载示意图

图 5-24　脚扣加载方式

图 5-25　登高板加载示意图

图 5-26　梯具户外地锚式加载示意图

第六章 检测数据处理基础

在电力安全工器具及小型施工机具的预防性试验中，涉及的检测数据需进行处理与修约，本章将对检测技术术语、法定计量单位、数据运算与修约规则和不确定度评定等进行简要介绍。

第一节 检测技术术语

检测技术术语主要涉及实验室检测的常用术语。

（1）量值（value of a quantity），一个数乘以测量单位所表示的特定量的大小，如 1kg。

（2）真值 [true value（of a quantity）]，与给定的特定量的定义一致的值。

（3）约定真值 [conventional true（of a quantity）]，对于给定目的的具有适当不确定度的、赋予特定量的值，有时该值是约定采用的。

（4）测量（measurement），以确定量值为目的的一组操作。

（5）示值 [indication（of a measuring instrument）]，测量仪器所给出的量值；由显示器读出的值称为直接示值。

（6）测量准确度（corrected result），测量结果与被测量真值之间的一致程度，是一个定性概念。

（7）准确度等级（accuracy class），符合一定计量要求，使误差保持在规定极限以内的测量仪器的级别。

（8）量程（span），标称范围两极限之差的模。

（9）测量范围（measuring range），测量仪器的误差处在规定极限内的一组被测量的值。

（10）分辨力（resolution），显示装置能有效辨别的最小的示值差。

第二节 法定计量单位

法定计量单位是政府以法令的形式明确规定要在全国范围内采用的计量单位。我国

《计量法》第三条明确规定:"国家采用国际单位制。国际单位制计量单位和国家选定的其他计量单位,为国家法定计量单位。非国家法定计量单位应当废除"。

一、国际单位制(SI制)

国际单位制遵从一贯性原则,由 SI 单位(包括基本单位和导出单位)及其倍数单位构成。

$$
国际单位制
\begin{cases}
SI\ 单位
\begin{cases}
SI\ 基本单位 \\
SI\ 导出单位
\begin{cases}
包括辅助单位在内的具有专门名称的 \\
导出单位组合形式的导出单位
\end{cases}
\end{cases} \\
SI\ 单位的倍数单位
\end{cases}
$$

1. SI 基本单位

建立计量单位制首先要确定基本量。各基本量在函数关系上彼此完全独立,即不能从其他基本量中推导出任何一个基本量。SI 选择了长度、质量、时间、电流、热力学温度、物质的量和发光强度七个基本量,并给出了严格的定义。基本单位是计量单位制的基础,具体名称和符号见表 6-1。

表 6-1　　　　　　　　　　　　　国际单位制的基本单位

名称	单位名称	单位符号
长度	米	m
质量	千克(公斤)	kg
时间	秒	s
电流	安	A
热力学温度	开(尔文)	K
物质的量	摩(尔)	mol
发光强度	坎(德拉)	cd

2. SI 导出单位

SI 导出单位是按一贯性原则,通过比例因数为 1 的量的定义方程式由 SI 基本单位导出,并由 SI 基本单位以代数的形式表示的单位,如 $1N=1(kg \cdot m)/s^2$。导出单位是组合形式的单位,是由两个及以上基本单位幂的乘积来表示。具有专门名称的 SI 导出单位共21 个,其中弧度和球面弧度为辅助单位。与日常检测有关的导出单位见表 6-2。

表 6-2　　　　　　　　　　　　部分导出单位及其与基本单位的关系

量的名称	单位名称	单位符号	基本单位表达式
频率	赫[兹]	Hz	$1Hz=1s^{-1}$
力、压力	牛[顿]	N	$1N=1\ (kg \cdot m)/s^2$
应力、压强	帕[斯卡]	Pa	$1Pa=1N/m^2$
能量	焦[耳]	J	$1J=1N \cdot m$
功率	瓦[特]	W	$1W=1J/s$

续表

量的名称	单位名称	单位符号	基本单位表达式
电荷	库 [仑]	C	1C＝1A·s
电压、电位、电动势	伏 [特]	V	1V＝1W/A
电容	法 [拉]	F	1F＝1C/V
电阻	欧 [姆]	Ω	1Ω＝1V/A
磁通	韦 [伯]	Wb	1Wb＝1V·s
电感	亨 [利]	H	1H＝1Wb/A
摄氏温度	摄氏度	℃	1℃＝1K

3. SI 单位的倍数单位

基本单位、具有专门名称的导出单位以及直接由它们构成的组合形式的导出单位都称之为 SI 单位。在实际使用中，量值的变化范围很宽，仅用 SI 单位来表示量值很不方便。为此，SI 中规定了 20 个构成十进倍数和分数单位的词头和所表示的因数。这些词头不能单独使用，也不能重叠使用，仅用于与 SI 单位（kg 除外）构成 SI 单位的十进倍数单位和十进分数单位。相应于因数 10^3 及以下的词头符号应用小写正体，等于或大于 10^6 的词头应用大写正体，从 10^3 到 10^{-3} 为十进位，其余为千进位。词头见表 6-3。SI 单位加上 SI 词头后两者结合为一整体，就不再称为 SI 单位，而称为 SI 单位的倍数单位。

表 6-3 用于构成十进倍数和分数单位的词头（部分）

所表示的因数	词头名称	词头符号	所表示的因数	词头名称	词头符号
10^9	吉 [咖]	G	10^{-1}	分	d
10^6	兆	M	10^{-2}	厘	c
10^3	千	k	10^{-3}	毫	m
10^2	百	h	10^{-6}	微	μ
10	十	da	10^{-9}	纳 [诺]	n

二、使用规则

法定计量单位名称、符号及词头的使用规则如下。

1. 法定计量单位名称

计量单位的名称，一般是指它的中文名称，用于叙述性文字或口述中，不得用于公式、数据表、图、刻度盘等处。除非不会引起混淆，一般用其全称。如"安培""伏特""牛顿"等。

（1）组合单位的名称与其符号表示的顺序一致，遇到"除"号时，先分子，后读"每"字，再分母。例如：m/s，应读为"米每秒"。

（2）乘方形式的单位名称应先读指数，如 m^6 应为六次方米。指数为 -1 时，读"每"；用长度单位米的二次方或三次方表示面积或体积时，其单位名称应为"平方米"或"立方米"，否则仍按指数方式读出。

2. 法定计量单位符号

计量单位的符号分为单位符号（国际通用符号）和单位的中文符号（中文简称），一般推荐使用单位符号。

（1）十进制单位符号应置于数据之后。单位符号按其名称或简称读，不得按字母读音。如 m 应为"米"或"meter"，而非"埃姆"。

（2）单位符号一般用正体小写字母书写，但是以人名命名的单位符号，第一个字母应正体大写，如 N、K、Hz、Wb 等。（"升"可以小写"l"，也可大写"L"），另外，当出现在公式中时，小写单位符号应采用斜体。

（3）分子为 1 的组合单位的符号，一般不用分子式，而用负数幂的形式，如 s^{-1}；用斜线表示相除时，分子、分母的符号应与斜线在同一行中，如 m/s；分母中包含两个以上单位符号时，整个分母应加圆括号，斜线不得多于 1 条；单位符号与中文符号不得混用，非物理单位（如台、人、件）除外，摄氏度℃可作中文符号使用。

3. 词头

词头的名称紧接单位的名称，作为一个整体，其间不得插入其他词，如 km^2 应为"平方千米"，而非"千平方米"。

（1）仅通过相乘构成的组合单位在加词头时，词头应加在第一个单位之前，如 kN·m 不应为 N·km。

（2）摄氏度和非十进制法定计量单位，不得用 SI 词头构成倍数或分数单位。

（3）组合单位的符号中，某单位符号同时又是词头符号，则应尽量将其置于单位符号的右侧，以防误解，如 Nm，不宜写成 mN（毫牛）。

（4）词头 h、da、d、c（百、十、分、厘）一般只用于某些长度、面积、体积和早已习惯的场合，如 cm。在检测结果中尽量少用，一般用 m 或 mm 表示。

（5）一般不在组合单位的分子分母中同时使用词头。如材料的绝缘强度可用 MV/m，不宜采用 kV/mm，但 kg 和有时使用的长度、面积、体积的组合单位除外，如 kg/km。另外词头一般加在分子的第一个单位符号前。

（6）计算时，为了方便，建议所有量均采用 SI 单位表示，词头用 10 的幂代替，如 $1\mu\Omega = 10^{-6}\Omega$。

第三节　数据处理与修约规则

检测人员应了解和掌握数据处理和修约规则。

一、数据处理

数据处理包括有效数字、近似数运算等。

1. 有效数字

了解有效数字，首先应了解"末"的概念。所谓"末"指的是任何一个数最末一位数字所对应的单位量值。例如用分辨率为 $1\mu\Omega$ 的回路电阻测试仪测得某导线的电阻为 $184\mu\Omega$，最末位的量值为 $4\mu\Omega$，即 4 乘以 $1\mu\Omega$。故 $184\mu\Omega$ 的"末"为 $1\mu\Omega$。

在日常生活中接触到的数，有准确数和近似数。对于任何数，包括无限不循环小数和循环小数，截取一定位数后所得的即是近似数。同样，根据误差理论，测量总是存在误差，测量结果只能是一个接近于真值的估计值，其数字也是近似数。

当近似数的误差不大于某一位上的单位量值的一半时，就称其"准确"到这一位（该位单位量值也就是该有效数字的"末"），从该位起直到前面第一位非零数字为止的所有数字都称为有效数字，对应的位数 n 即为有效数字的位数，称该有效数字为 n 位有效数。

【例1】 $\pi = 3.14159265\cdots$

取到百分位时的近似数为 3.14，其有效位数为 3，其误差绝对值为：

$|3.14 - 3.14159265\cdots| = 0.00159265 < 0.5 \times 0.01 = 0.005$

【例2】 若电阻测量值为 $184\mu\Omega$，则其有效位数为 3，其误差不大于 $0.5 \times 1\mu\Omega = 0.5\mu\Omega$；若测量值为 $184.0\mu\Omega$，则其有效位数为 4，其误差不大于 $0.5 \times 0.1\mu\Omega = 0.05\mu\Omega$。

在有效数字的使用中，一般最终测量结果的有效位数应与判断依据的有效位数一致。

2. 近似数运算

近似数运算包括近似数的截取规则、加减运算、乘除（或乘方、开方）运算等。

(1) 近似数的截取规则。采用"四舍五入"法，即当将一个数舍入到第 n 位时：如被舍弃部分的数值小于保留的末位数的 0.5 单位"末"，则末位数不变；如被舍弃部分的数值大于保留的末位数的 0.5 单位，则末位数加 1；如被舍弃部分的数值等于保留的末位数的 0.5 单位时，若保留部分的末位数为偶数，则末位数不变；若末位数为奇数，则末位数加 1。

(2) 加、减运算。如参与运算的数不超过 10 个，运算时以各数中"末"最大的数为准，其余的数均比它多保留一位，多余位数应舍去。计算结果的"末"，应与参与运算的数中"末"最大的那个数相同。若计算结果尚需参与下一步运算，则可多保留一位。当 10 个以上的近似数相加减时，为减少舍入累积误差，可适当增加小数位数。

【例3】 $18.3 + 1.4546 + 0.876 = 18.3 + 1.45 + 0.88 = 20.63 \approx 20.6$

计算结果为 20.6。若尚需参与下一步运算，则取 20.63。

(3) 乘、除（或乘方、开方）运算。在进行数的乘除运算时，以有效数字位数最少的那个数为准，其余的数的有效数字均比它多保留一位。运算结果（积或商）的有效数字位数，应与参与运算的数中有效数字位数最少的那个数相同。若计算结果尚需参与下一步运算，则有效数字可多取一位。

【例4】 $1.1 \times 0.3268 \times 0.10301 = 1.1 \times 0.327 \times 0.103 = 0.0370\text{m}^3 \approx 0.037\text{m}^3$

计算结果为 0.037m^3。若需参与下一步运算，则可取 0.0370m^3。

乘方、开方运算类同。

二、数据修约

为了简化计算，准确表达测量结果，应对有关数据进行修约。对某一拟修约数，根据保留数位的要求，将其多余位数的数字进行取舍，按照一定的规则，选取一个其值为修约间隔整数倍的数（称为修约数）来代替拟修约数，这一过程称为数据修约，也称为数的化整或数的凑整。

修约间隔又称为修约区间或化整间隔，它是确定修约保留位数的一种方式。修约间隔一般以 $k \times 10^n$（$k = 1, 2, 5$；n 为正、负整数）的形式表示。一般将同一 k 值的修约间隔简称为 "k" 间隔。

修约间隔一经确定，修约数只能是修约间隔的整数倍。例如指定修约间隔为 0.1，修约数应在 0.1 的整数倍的数中选取；若修约间隔为 2×10^n，修约数的末位只能是 0、2、4、6、8 等数字；若修约间隔为 5×10^n，则修约数的末位数字不是 "0" 就是 "5"。

当对某一拟修约数进行修约时，需确定修约数位，其表达形式可以是指明具体的修约间隔、将拟修约数修约至某数位的 0.1 或 0.2 或 0.5 个单位；也可以指明按 "k" 间隔将拟修约数修约为几位有效数字或者修约至某数位，有时 "1" 间隔可不必指明，但 "2" 或 "5" 间隔应指明。下面介绍一种适用于所有修约间隔的修约方法。

（1）如果为修约间隔整数倍的一系列数中，只有一个数最接近拟修约数，则该数就是修约数。

【例 5】 将 1.150001 按 0.1 修约间隔进行修约。此时，与拟修约数 1.150001 邻近的为修约间隔整数倍的数有 1.1 和 1.2（分别为修约间隔 0.1 的 11 倍和 12 倍），然而只有 1.2 最接近拟修约数，因此 1.2 就是修约数。

【例 6】 要求将 1.0151 修约至十分位的 0.2 个单位。此时，修约间隔为 0.02，与拟修约数 1.0151 邻近的为修约间隔整数倍的数有 1.00 和 1.02（分别为修约间隔 0.02 的 50 倍和 51 倍），然而只有 1.02 最接近拟修约数，因此 1.02 就是修约数。

【例 7】 要求将 1.2505 按 "5" 间隔修约至十分位。此时，修约间隔为 0.5。1.2505 只能修约成 1.5 而不能修约成 1.0，因为只有 1.5 最接近拟修约数 1.2505。

（2）如果为修约间隔整数倍的一系列数中，有连续的两个数同等地接近拟修约数，则这两个数中，只有为修约间隔偶数倍的那个数才是修约数。

【例 8】 要求将 1150 按 100 修约间隔修约。此时，有两个连续的为修约间隔整数倍的数 1.1×10^3 和 1.2×10^3 同等地接近 1150，因为 1.1×10^3 是修约间隔 100 的奇数倍（11 倍），只有 1.2×10^3 是修约间隔 100 的偶数倍（12 倍），因而 1.2×10^3 是修约数。

【例 9】 要求将 1.500 按 0.2 修约间隔修约。此时，有两个连续的为修约间隔整数倍的数 1.4 和 1.6 同等地接近拟修约数 1.500，因为 1.4 是修约间隔 0.2 的奇数倍（7 倍），所以不是修约数，而只有 1.6 是修约间隔 0.2 的偶数倍（8 倍），因而才是修约数。

【例10】 1.025 按 "5" 间隔修约到 3 位有效数字时，不能修约成 1.05，而应修约成 1.00。因为 1.05 是修约间隔 0.05 的奇数倍（21 倍），而 1.00 是修约间隔 0.05 的偶数倍（20 倍）。

由此可见，数据修约导致的不确定度呈均匀分布，约为修约间隔的 1/2。在进行修约时还应注意不要多次连续修约（如 12.251→12.25→12.2），因为多次连续修约会产生累积不确定度。

第四节 不 确 定 度 概 述

测量不确定度是根据所用到的信息、表征赋予被测量值分散性的非负参数。测量不确定度用标准偏差和包含概率表示，JJF 1059—2012《测量不确定度评定与表示》规定了具体的评定方法，下面做一简要介绍。

一、评定过程

不确定度评定过程见图 6-1。

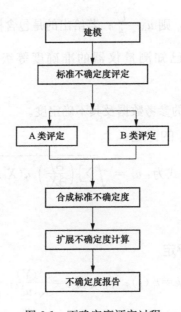

图 6-1 不确定度评定过程

二、建模

即找出测量不确定度的来源。被测量 Y 取决于其他 N 个量，可得模型 $Y = f(x_1, x_2, \cdots, x_N)$。在确定不确定度来源时，应全面考虑诸如测量器具、人员、环境、方法、被测量等，防止遗漏或重复。在所有来源中区分 A 类或 B 类。如直流电阻测量 $R_{20} = \dfrac{R_\theta}{1 + \alpha_{20}(\theta - 20)}$，$R_\theta = \dfrac{U}{I}$。因回路电阻测量仪本身内部直接采用电压降法测量，故可不考虑其内部试验电流和电压的影响；因测量时间间隔较短，温度的影响也可不予考虑；因显示形式为数显，故可不考虑人员读数的影响。所以不确定度的来源中只考虑随机误差产生的不确定度（A类）、测量仪器的不确定度（B类）和测试长度的测量不确定度。

三、标准不确定度的 A 类评定

一个被测量 y 可在等精度下 n 次（n 大于 6）重复独立测得的可进行 A 类评定。计算 y 的平均值即最佳值，用贝塞尔法计算其单次测量的标准不确定度，自由度 $v=n-1$。

四、标准不确定度的 B 类评定

获得 B 类标准不确定度的信息来源和计算如下。

（1）以前的观测数据。

（2）对有关技术资料和测量仪器特性的了解和经验；如已知测量仪器的分辨率 δ，则 $u_B=\dfrac{\delta}{\sqrt{12}}\approx0.3\delta$；如非数显测量设备人员读数的偏差一般为分辨率的 20% 计算。

（3）生产部门提供的技术说明书。

（4）校准（检定）证书或其他文件提供的数据、准确度等级；如已知上级计量部门给出的不确定度 U 及包含因子 k，则 $u_B=\dfrac{U}{k}$；若给出的是包含概率 p，则由 p 查出其对应的包含因子 k_p（见表 6-4）；如已知测量仪器的准确度等级 s 和最大量程 x_n，则 $u_B=(x_n s\%)/\sqrt{3}$。

（5）手册或某些资料给出的参考数据及其不确定度。

五、合成标准不确定度 u_c 的评定

标准不确定度 u_c 的合成公式为：$u_c=\sqrt{\sum_1^N\left(\dfrac{\partial f}{\partial X_i}\right)^2 u(X_i)}=\sqrt{u_A^2+u_B^2}$。

若为直接测量，$\dfrac{\partial f}{\partial x}=1$。

六、扩展不确定度 U 的评定

评定扩展不确定度 U 时，$k=t_p(\nu)$；自由度 $\nu=\dfrac{u_c^4(Y)}{\sum\dfrac{u_i^4}{v_i}}$；当 ν 无法从其他资料获得时，包含因子 $k=2$（正态分布，包含概率近似为 95%），即 $U=2u_c$。

七、不确定度报告

当仅计算合成标准不确定度时，应报告合成标准不确定度。当算至扩展不确定度时，除报告扩展不确定度外，还应说明它据以计算的合成标准不确定度、包含概率或包含因子。报告的参考形式如下：

（1）合成标准不确定度 $I=500(5)A$；括号内的数按标准不确定度 u_c 给出。

（2）扩展不确定度 $I=500A$，$U=10A$；$k=2$。

t 分布在不同包含概率 p 与自由度 ν 的 $t_{p}(\nu)$ 值的关系见表 6-4。

表 6-4 　　　　　　　t 分布在不同包含概率 p 与自由度 ν 的 $t_{p}(\nu)$ 值

自由度 ν	$p \times 100$					
	68.27	90	95	95.45	99	99.73
1	1.84	6.31	12.71	13.97	63.66	235.80
2	1.32	2.92	4.30	4.53	9.92	19.21
3	1.20	2.35	3.18	3.31	5.84	9.22
4	1.14	2.13	2.78	2.87	4.60	6.62
5	1.11	2.02	2.57	2.65	4.03	5.51
6	1.09	1.94	2.45	2.52	3.71	4.90
7	1.08	1.89	2.36	2.43	3.50	4.53
8	1.07	1.86	2.31	2.37	3.36	4.28
9	1.06	1.83	2.26	2.32	3.25	4.09
10	1.05	1.81	2.23	2.28	3.17	3.96
11	1.05	1.80	2.20	2.25	3.11	3.85
12	1.04	1.78	2.18	2.23	3.05	3.76
13	1.04	1.77	2.16	2.21	3.01	3.69
14	1.04	1.76	2.14	2.20	2.98	3.64
15	1.03	1.75	2.13	2.18	2.95	3.59
16	1.03	1.75	2.12	2.17	2.92	3.54
17	1.03	1.74	2.11	2.16	2.90	3.51
18	1.03	1.73	2.10	2.15	2.88	3.48
19	1.03	1.73	2.09	2.14	2.86	3.45
20	1.03	1.72	2.09	2.13	2.85	3.42
25	1.02	1.71	2.06	2.11	2.79	3.33
30	1.02	1.70	2.04	2.09	2.75	3.27
35	1.01	1.70	2.03	2.07	2.72	3.23
40	1.01	1.68	2.02	2.06	2.70	3.20
45	1.01	1.68	2.01	2.06	2.69	3.18
50	1.01	1.68	2.01	2.05	2.68	3.16
100	1.005	1.660	1.984	2.025	2.626	3.077
∞	1.000	1.645	1.960	2.000	2.576	3.000

第七章 检测实验室管理

从事电力安全工器具及小型施工机具预防性的检测实验室，应依据 ISO/IEC 17025：2017《检测和校准实验室能力的通用要求》（实验室认可依据 CNAS—CL01：2018《检测和校准实验室能力认可准则》）和 RB/T 214—2017《检验检测结果资质认定能力评价 检验检测结果通用要求》（实验室资质认定）等的要求，对检测实验室进行科学系统的管理，提升实验室的技术水平和检测能力，为社会提供准确可靠的检测数据和结果。

第一节 实验室认可知识

实验室认可就是权威机构依据程序对实验室有能力进行规定类型的检测/校准所给予的一种正式承认。如经中国合格评定国家认可委员会（China National Accreditation Service for Conformity Assessment，CNAS）认可的实验室是依据程序规定经批准从事某个领域的检测/校准活动的机构，其结果将受到国家承认。

一、实验室认可目的

实验室存在的目的就是为社会提供准确可靠的检测数据和结果。

1. 实验室自身发展需要

实验室在技术经济活动和社会发展过程中占有重要的地位。

（1）政府机构依据有关检测结果制定和实施各种方针、政策。

（2）科研部门利用检测数据发现新现象，开发新技术、新产品。

（3）生产者利用检测结果判断自己的质量行为。

（4）流通领域利用检测数据决定其购销活动。

（5）消费者利用各种检测结果保护自己的权益。

（6）司法部门利用检测数据作为调解或仲裁的依据。

因此就对提供检测数据的实验室提出了相应的要求。能否向社会出具高质量的报告/证书，并得到社会各界的信赖和认可，已成为实验室能否适应市场经济需求的核心问题，而实验室认可恰为人们在对检测数据的信任上提供了信心。

2. 实验室认可是客观需要的产物

社会各方面需要实验室为他们服务。

（1）发展贸易需要。在开放的市场中，产品质量是关注的焦点，需要对产品的质量给予验证，这就需要有资格的实验室为其服务，供、需双方都需要公正的服务。这就要求各个国家能有一套更加权威、完善的实验室认可制度，以发挥实验室认可在发展贸易中的积极作用。

（2）质量认证发展需要。买方关注所购产品的性能、可靠性和安全性，而对生产者出具的合格证缺乏足够的信心，希望有公正的第三方证明产品符合相关标准。同时生产方也需要第三方的帮助，以证明他们的产品符合标准，以提高企业的信誉、竞争力和市场占有率。这样第三方认证就应运而生。认证的发展也促进了对实验室认可的需求，因为产品认证中的型式试验要求经过认可的实验室依据产品标准进行检测。

（3）公证活动需要。在经济活动中，消费者与生产厂家（或销售商）之间会因为商品的质量不良而诉诸公堂，就需要具有公正地位、经过认可的实验室提供服务，检验结果则是协调处理纠纷最有利的证据。

（4）政府管理需要。在进行宏观调控、规范市场行为、查处假冒伪劣产品时，政府要依靠各类检测实验室为其服务。

因此，需要对各类实验室的公正性和技术能力按照一个统一的标准进行认可。

二、实验室认可作用

实验室认可为用户、实验室发展以及商品流通带来了极大的方便。

（1）表明实验室具备了按有关国际认可准则开展检测/校准服务的技术能力。

（2）增强了实验室的市场竞争能力，赢得政府部门、社会各界的信任。

（3）获得与CNAS签署互认协议的国家与地区实验室认可机构的承认，有利于消除非关税贸易技术壁垒。

（4）参与国际间实验室认可双边、多边合作，促进工业、技术、商贸的发展。

（5）可在认可的业务范围内使用"中国实验室国家认可"标志。

（6）列入《国家认可实验室名录》，提高了实验室的知名度。

三、实验室认可发展趋势

认可始于澳大利亚，至今50多个国家采用此种体系。实验室认可已打破国界，朝着实现国与国之间的相互承认、并向多边相互承认的趋势发展。在互认协议的框架下，各签约方相互承认发出的证书。签署协议的各方应有义务保证体系按标准运作，有义务参加有关技术活动，认可机构应确保自己认可的实验室参加。

四、实验室认可原则

（1）自愿申请原则。凡愿承认《中国实验室国家认可委员会章程》，遵守CNAS制定的相关准则、规则等的实验室均可自愿申请 CNAS 认可。

（2）非歧视原则。凡加入 CNAS 认可体系的实验室，不会以其隶属关系、级别高低、规模大小、所有制性质或者其社会地位为认可条件，也不以经济状况予以限制。CNAS 受理国内、外所有实验室的认可申请。

（3）专家评审原则。CNAS 聘用其注册的评审员和技术专家对申请认可的实验室按 CNAS 要求对其技术能力予以评审和评价。

（4）国家认可原则。CNAS 所从事的认可工作是对实验室技术能力的国家认可，代表中国对实验室技术能力和所出具数据的承认。

五、实验室认可体系

实验室认可体系应至少包括以下五个要素。

（1）权威的认可机构。CNAS 是根据《中华人民共和国认证认可条例》的规定，由国家认证认可监督管理委员会批准设立并授权的国家认可机构，统一负责对实验室等相关机构的认可工作。

（2）明确的认可准则。国际上统一使用的通用要求是国际标准 ISO/IEC 17025：2017。

（3）完善的认可程序。实验室认可程序主要分为申请阶段、评审阶段和认可批准阶段三个阶段。申请阶段包括实验室询问、了解情况、索取有关文件、提交申请资料等；评审阶段包括选派评审员/技术专家、文件资料和实验室现场评审等；认可批准阶段由专家评定委员会进行评定并办理批准认可的相关手续。

（4）训练有素的认可评审员。评审员是实验室认可活动全过程中至关重要的因素。

（5）满足要求的各种类型认可实验室。各类检测和校准实验室是被认可的对象。实验室自获得认可之日起就加入了实验室认可体系，就要承担一定的义务；正确使用认可标志，维护 CNAS 声誉；珍视所获得的认可，接受 CNAS 定期和不定期的监督以及每 2 年一次的周期复评审等。检测实验室认可标识式样见图 7-1，实验室中文认可证书见图 7-2，英文认可证书见图 7-3。

图 7-1　检测实验室认可标识式样

中国合格评定国家认可委员会
实验室认可证书

（注册号：CNAS LXXXX）

兹证明：

XXXX 有限公司

XX省XX市XX路XXX号

符合 ISO/IEC 17025：2005《检测和校准实验室能力的通用要求》
《CNAS-CL01《检测和校准实验室能力认可准则》）的要求，具备承担本
证书附件所列服务能力，予以认可。

获认可的能力范围见标有相同认可注册号的证书附件，证书附件是
本证书组成部分。

签发日期：2018-01-16
有效期至：2023-10-26
初次认可：2001-07-04

中国合格评定国家认可委员会授权人

中国合格评定国家认可委员会（CNAS）经国家认证认可监督管理委员会（CNCA）授权，负责实施合格评定实验室认可。
CNAS是国际实验室认可合作组织（ILAC）和亚太实验室认可合作组织（APLAC）的互认协议成员。
本证书的有效性可登陆www.cnas.org.cn查询认可机构名录查询。

图 7-2　实验室中文认可证书

China National Accreditation Service for Conformity Assessment
LABORATORY ACCREDITATION CERTIFICATE
(Registration No. CNAS LXXXX)

XXXX Institute Co., Ltd.
No.217, XXXX Road, XXXX, China

is accredited in accordance with ISO/IEC 17025: 2005 General
Requirements for the Competence of Testing and Calibration
Laboratories(CNAS-CL01 Accreditation Criteria for the Competence of
Testing and Calibration Laboratories) for the competence to undertake
the service described in the schedule attached to this certificate.

The scope of accreditation is detailed in the attached schedule
bearing the same registration number as above. The schedule form an
integral part of this certificate.

Date of Issue: 2018-01-16
Date of Expiry: 2023-10-26
Date of Initial Accreditation: 2001-07-04

Signed on behalf of China National Accreditation Service for Conformity Assessment

China National Accreditation Service for Conformity Assessment(CNAS) is authorized by Certification and Accreditation
Administration of the People' s Republic of China (CNCA) to operate the national accreditation schemes for conformity
assessment. CNAS is a signatory of the International Laboratory Accreditation Cooperation Mutual Recognition Arrangement
(ILAC MRA) and the Asia Pacific Laboratory Accreditation Cooperation Mutual Recognition Arrangement (APLAC MRA).
The validity of the certificate can be checked on CNAS website at http://www.cnas.org.cn/english/fandanaccreditadbody/index.shtml

图 7-3　实验室英文认可证书

第二节 认可准则理解

ISO/IEC 17025：2017（CNAS-CL01：2018）规定了实验室从事检测/校准的能力的通用要求，适用于所有从事检测/校准（本节只涉及检测）的组织。

一、通用要求

实验室通用要求包括公正性和保密性。

1. 公正性

实验室应从组织结构和管理上公正地实施实验室活动（简称活动）。管理层应做出公正性承诺。不允许商业、财务或其他方面压力损害公正性。应识别影响公正性的风险并消除或降低风险。

2. 保密性

实验室应做出承诺，对活动中的信息承担管理责任；准备公开的信息应通知客户；所有信息都应保密。依据法律要求或合同授权透露保密信息时应通知客户。从投诉人或监管机构等获取客户信息时，应在客户和实验室间保密；应为信息提供方保密。外部机构人员或代表实验室的个人等应对所有信息保密。

二、结构要求

实验室应为法律实体或法律实体中被明确界定的一部分，该实体承担法律责任。应确定管理层。应规定活动范围。应满足准则、客户、法定管理机构和提供承认的组织的要求开展活动，包括在固定设施、固定设施以外场所、临时或移动设施、客户设施中实施的活动。

（1）确定组织结构、其在母体组织中的位置及管理、技术运作和支持服务间关系。

（2）规定管理、操作或验证人员的职责、权力和相互关系。

（3）将程序形成文件。

实验室人员应有权力和资源实施、保持和改进管理体系；识别与管理体系或程序的偏离；采取措施预防或减少偏离；向管理层报告管理体系运行状况和改进需求；确保活动有效性。管理层应针对管理体系有效性、满足客户要求等进行沟通；管理体系变更时保持完整。

三、资源要求

实验室应获得实施活动所需的人员、设施、设备、系统及支持服务。

1. 人员

实验室人员（包括内外部人员）应行为公正、有能力并按照管理体系要求工作。应将各职能的能力要求（包括教育、资格、培训、技术知识、技能和经验等）形成文件。人员应具备负责活动以及评估偏离影响程度的能力。管理层应向人员传达职责和权限。应有人员能力要求、人员选择、人员培训、人员监督、人员授权和人员能力监控的程序，并保存记录。应授权人员从事验证方法，分析结果，报告、审查和批准结果等的活动。

2. 设施和环境条件

设施和环境条件应适合活动。应将设施及环境条件要求形成文件。当相关规范、方法或程序对环境条件有要求时，或环境条件影响结果的有效性时，应监测、控制和记录环境条件。应实施、监控并定期评审控制设施（进入和使用影响活动的区域，预防对活动的污染、干扰或不利影响，隔离不相容的活动区域）的措施。在永久控制之外的场所实施活动时应满足要求。

3. 设备

实验室应配全设备（测量仪器、软件、测量标准、标准物质、参考数据、试剂、消耗品或辅助装置等）。使用永久控制以外的设备应满足要求。应有处理、运输、储存、使用和维护设备的程序。当设备投入使用或重新投入使用前应验证其符合要求。测量设备应达到准确度和（或）测量不确定度。下列测量设备应进行校准。

(1) 当测量准确度或测量不确定度影响报告结果的有效性。

(2) 建立报告结果的计量溯源性。

实验室应制订校准方案。设备应使用标签、编码等标识校准状态。如设备过载或处置不当、给出可疑结果、显示有缺陷或超出规定要求时应停用并隔离；应检查设备缺陷的影响，并启动不符合工作程序。利用期间核查以保持对设备性能的信心。如校准和标准物质数据中包含参考值或修正因子，应得到更新和应用。应防止设备被意外调整而导致结果无效。应保存设备记录：设备识别、制造商名称/型号等、验证证据、当前位置、校准日期及结果/设备调整/验收准则/下次校准日期、标准物质文件/结果/验收准则/有效期、维护计划和记录、设备损坏/故障/改装或维修记录等。期间核查和校准区别见表7-1。

表 7-1　　　　　　　　　　　　　期间核查和校准区别

项目	期间核查	校准
目的	维持测量仪器的可信度，确认上次的校准特性不变	确定被校准对象与对应的由计量标准所复现的量值关系
方法	实验室间比对；使用有证标准物质；与相同等级的其他设备进行量值比较；对稳定被测件的量值再次测定；高等级的自校准等	采用高等级的计量标准，根据校准规范进行校准
对象	针对计量性能存有疑问的测量仪器，包括某些关键性能需要控制、稳定性差、使用频度高和使用环境条件恶劣的仪器设备	凡是对检测、校准和抽样结果的准确性或有效性有显著影响的所有设备，包括辅助测量设备
所有者	自有的	除自有外还包括客户的
周期	在两次校准的间隔内自行确定	由法规或自行规定

4. 计量溯源性

实验室应通过形成文件的不间断的校准链将测量结果与适当的参考对象相关联，建立并保持测量结果的计量溯源性。应通过以下方式确保测量结果溯源到国际单位制（SI）。

（1）具备能力的实验室提供的校准。

（2）有证标准物质的标准值。

（3）SI 单位的直接复现，并通过与国家或国际标准比对来保证。

技术上不可能计量溯源到 SI 单位时，应证明可溯源至适当的参考对象（如有证标准物质等）。

5. 外部提供的产品和服务

实验室应确保外部提供的产品和服务（用于自身活动、部分或全部提供给客户和用于支持实验室运作）的适宜性，应有以下活动程序并保存记录。

（1）确定、审查和批准外部提供的产品和服务的要求。

（2）确定评价、选择、监控表现和再次评价外部供应商的准则。

（3）在使用外部提供的产品和服务前或直接提供给客户前应符合要求。

（4）根据外部供应商评价、表现和再评价结果采取措施。

应与外部供应商沟通，明确产品和服务、验收准则、人员资格等能力、拟在外部供应商的场所进行活动等要求。

四、过程要求

过程要求包括合同评审、方法选择、样品制作、数据记录与处理、检测报告、结果质量监控、信息化处理等。

1. 要求、标书和合同评审

实验室应有要求、标书和合同评审程序，包括书面文件的要求、能力和资源、使用外部供应商时客户应同意、检测方法。当客户要求的方法不合适时应通知客户。

（1）当客户要求作符合性声明时，应规定标准以及判定规则并经客户同意。

（2）要求或标书与合同之间的差异，应在实施活动前解决；合同应被双方接受；客户要求的偏离不应影响诚信或结果有效性。

（3）与合同的偏离应通知客户。

（4）如工作开始后修改合同，应重新评审并通知人员。

（5）应与客户合作，澄清客户要求和允许客户监控其相关工作。

（6）应保存评审记录，与客户的讨论也应记录并保存。

2. 方法的选择、验证和确认

对标准方法（国际标准、区域标准、国家标准、行业标准或地方标准等）实施的是验证，对非标方法（实验室开发的方法、超出预定范围使用的标准方法或其他修改的标准方法等）实施的是确认，这里主要涉及标准方法验证。

（1）方法选择。应使用适当的方法和程序开展活动。所有方法、程序和支持文件（如指导书、标准、手册和参考数据）等应现行有效并易于取阅。必要时应补充方法细则以确保一致性。选择适当方法并通知客户；推荐使用以国际标准、区域标准或国家标准发布的方法，或由知名技术组织或有关科技文献或期刊中公布的方法，或设备制造商规定的方法；实验室制订或修改的方法也可使用（但应确认）。

（2）方法验证。在引入方法前应进行验证并保存记录；如方法变更，应重新进行验证。方法偏离（合同事先应有约定），应将该偏离形成文件、经技术判断、获得授权并被客户接受。

3. 抽样

当实验室为后续检测对产品实施抽样时，应有抽样计划和方法。抽样方法应描述样品或地点的选择、抽样计划、从产品中取得样品的制备和处理。应将抽样数据予以保存。

4. 检测物品的处置

实验室应有运输、接收、处置、保护、存储、保留、处理或归还检测物品的程序。

（1）在物品处置、运输、保存/等候和制备过程中，应注意避免物品变质、污染、丢失或损坏，遵守随物品提供的操作说明。

（2）检测物品应有标识。在实验室期间内应保留该标识。应确保物品在实物、记录中不被混淆。标识应包含物品的细分和传递。

（3）接样时应记录与规定条件的偏离。当对物品有疑问，应在工作前询问客户，并记录询问结果。当客户知道偏离了规定条件仍要求检测时，应在报告中做出免责声明。

（4）如物品需在规定条件下储存时，应保持、监控和记录这些环境条件。

5. 技术记录

实验室每一项活动的技术记录应包含足够的信息，以便能识别影响测量结果及其测量不确定度的因素，并在尽可能接近原条件的情况下重复该活动；技术记录应包括每项活动以及审查数据结果的日期和责任人；原始观察结果、数据和计算应在观察或获得时予以记录。应确保记录修改可追溯；应保存原始的以及修改后的数据（修改日期、内容和人员）。

6. 测量不确定度的评定

实验室应采用适当的分析方法考虑所有测量不确定度的贡献。检测实验室应评定测量不确定度；当由于检测方法的原因难以严格评定测量不确定度时，应基于对理论原理的理解或使用该方法的实践经验进行评估。

7. 确保结果有效性

实验室应有监控结果有效性的程序，记录结果数据的方式应便于发现其发展趋势，应对监控进行策划和审查，应分析监控活动的数据用于改进。

（1）内部质量监控。使用标准物质或质量控制物质、设备比对、设备功能核查、使用核查或工作标准制作控制图、设备期间核查、使用相同或不同方法重复检测、留存样品的重复检测、物品不同特性结果之间的相关性、报告结果的审查、实验室内比对、盲样测试等。

（2）外部质量监控。参加能力验证和实验室间比对。

8. 报告结果

实验室应准确、清晰、明确和客观地出具结果（发出前应经过审查和批准），包括所用方法要求的全部信息。应保存检测报告副本；如客户同意，可用简化方式报告结果。

（1）检测报告通用要求。应包括下列信息：标题，实验室名称和地址，实施活动地点，报告每一页标识以及结束标识，客户名称和联络信息，所用方法，物品描述，物品接收及抽样日期，检测日期，报告发布日期，抽样计划和方法，结果仅与被检测物品有关的声明，结果测量单位，方法补充、偏离或删减，报告批准人识别，结果来自外部供应商的标识等。实验室对报告所有信息负责；客户提供的数据应标识；客户提供的信息可能影响结果有效性时应有免责声明；当实验室不负责抽样应声明结果仅适用于收到的样品。

（2）检测报告特定要求。当解释结果需要时应包含以下信息：特定的检测条件，与规范的符合性声明，测量不确定度（与结果有效性或应用相关时、客户有要求时、影响与规范限制的符合性时），意见和解释，客户要求的其他信息。

（3）报告抽样特定要求。如实验室负责抽样活动，当解释结果需要时应包含以下信息：抽样日期，物品唯一性标识，抽样位置，抽样计划和方法，环境条件，评定后续测量不确定度所需的信息等。

（4）报告符合性声明。当做出与规范符合性声明时，应考虑风险水平，将判定规则形成文件。在报告符合性声明时应标示：符合性声明适用的结果，满足或不满足的规范，应用的判定规则。

（5）报告修改。当修订已发出的报告时，应在报告中标识修改的信息；应以追加文件或数据传送的形式包含"对序列号为……报告的修改"的声明；当发布全新的报告时，应予以唯一性标识，并注明所替代的原报告。

9. 投诉

实验室应有接收和评价投诉的程序。

（1）利益相关方有要求时，应可获得对投诉处理过程的说明。接到投诉后，应证实投诉与实验室活动相关。应对所有决定负责。

（2）投诉处理过程应包括投诉的接收、确认、调查及处理的说明，跟踪并记录投诉，采取的措施。

（3）接到投诉的实验室应负责收集并验证必要的信息。

（4）应告知投诉人已收到投诉，并提供处理的报告和结果。

（5）通知投诉人的处理结果应由无关的人员做出或审查和批准。

10. 不符合工作

当活动不符合程序或客户要求时应有不符合工作程序。

（1）程序应包括：确定职责和权力；基于实验室建立的风险水平采取措施；评价不符

合工作的严重性；对不符合工作的可接受性做出决定；必要时通知客户并召回；规定批准恢复工作的职责。

（2）应保存不符合工作及措施的记录。当不符合工作可能再次发生时，或对实验室的运行与其管理体系的符合性产生怀疑时，应采取纠正措施。

11．数据控制和信息管理

实验室应获得开展活动所需的数据和信息。

（1）用于收集、处理、记录、报告、存储或检索数据的实验室信息管理系统，在投入使用前应进行功能确认。对管理系统的任何变更，在实施前应被批准、形成文件并确认。

（2）实验室信息管理系统应具有：防止未经授权的访问；安全保护以防止篡改和丢失；提供人工记录和转录准确性的条件；进行维护；记录系统失效的紧急措施及纠正措施。

（3）当实验室信息管理系统在异地或由外部供应商进行管理和维护时，应确保符合要求。

（4）员工应易于获取信息管理系统相关的说明书、手册和参考数据；应对计算和数据传送进行适当和系统地检查。

五、管理体系要求

实验室应建立、实施和保持文件化的管理体系。

1．方式

实验室应按方式 A 或方式 B 实施管理体系。

（1）方式 A。管理体系应包括下列内容：管理体系文件、管理体系文件的控制、记录控制、应对风险和机遇的措施、改进、纠正措施、内审、管评。

（2）方式 B。实验室按照 GB/T 19001 的要求建立并保持管理体系。

2．管理体系文件（方式 A）

管理层应建立、编制和保持方针和目标，并得到理解和执行。方针和目标应体现实验室能力、公正性和一致运作。管理层应提供建立和实施管理体系以及持续改进的证据。管理体系应包含、引用或链接相关的所有文件和记录等。人员应可获得管理体系文件和相关信息。

3．管理体系文件的控制（方式 A）

实验室应控制内外部文件。文件发布前应由授权人员审查并批准，应定期审查文件并更新，应识别文件更改和当前修订状态，在使用地点应获得文件的相关版本并控制其发放，应对文件进行唯一性标识，应防止误用作废文件。

4．记录控制（方式 A）

实验室应建立和保存记录。应对记录的标识、存储、保护、备份、归档、检索、保存期和处置实施控制；记录保存期应符合合同义务；记录调阅应保密并易于获得。

电力安全工器具及机具预防性试验

5. 应对风险和机遇的措施（方式 A）

实验室应考虑与活动相关的风险和机遇，以确保管理体系能实现预期结果、增强实现实验室目的和目标的机遇、预防或减少活动中的不利影响和可能的失败、实现改进。实验室应策划应对这些风险和机遇的措施、如何在管理体系中整合并实施这些措施及评价有效性。应对风险和机遇的措施应与其对实验室结果有效性的潜在影响相适应。

6. 改进（方式 A）

实验室应识别和选择改进机遇，并采取措施。应向客户征求反馈。应分析和利用这些反馈，以改进管理体系、活动和客户服务。

7. 纠正措施（方式 A）

实验室应对不符合做出应对；分析不符合原因；实施所需的措施；评审纠正措施的有效性；必要时更新在策划期间确定的风险和机遇；必要时变更管理体系。纠正措施应与不符合产生的影响相适应。应保存记录。

8. 内审（方式 A）

实验室应按计划进行内审，是否符合管理体系和准则要求，管理体系是否得到有效实施和保持。应考虑活动的重要性、影响实验室的变化和以前审核的结果，制订审核方案；规定审核准则和范围；确保审核结果报告给管理层；采取纠正和纠正措施；保存记录。

9. 管评（方式 A）

管理层应按计划对管理体系进行评审，以确保其适宜性、充分性和有效性。

(1) 管理评审输入：与实验室相关的内外部因素的变化、目标实现、政策和程序的适宜性、以往管理评审所采取措施的情况、近期内审结果、纠正措施、由外部机构进行的评审、工作量和工作类型的变化或活动范围的变化、客户和人员反馈、投诉、实施改进的有效性、资源的充分性、风险识别的结果、保证结果有效性的输出、监控活动和培训等。

(2) 管理评审输出：管理体系及其过程的有效性、改进、资源和变更。

内审与管评区别见表 7-2。

表 7-2   内审与管评区别

分类	内审	管评
类型	分为第一方、第二方、第三方等	只有第一方
目的	确定活动及其结果符合性和有效性	确定质量方针、质量目标和管理体系的适应性、充分性和有效性
依据	管理体系、体系文件和适用法律法规	相关方的期望、体系审核的结果等
控制	控制活动及结果符合方针目标等要求，属战术性控制	控制方针目标本身的正确性，属战略性控制
执行者	与被审核领域无直接责任的人员	最高管理者亲自组织有关人员进行
结果	第一方审核导致纠正不合格项，第二方审核使客户信任，第三方审核使组织获得认证证书	改进管理体系，修订手册和程序文件，提高管理水平和保证能力

第三节　资质认定要求

　　资质认定是国家认证认可监督管理委员会和省级市场监督管理部门依据 RB/T 214—2017 对第三方机构的基本条件和技术能力是否符合法定要求实施的评价许可；属政府的行政行为，是强制性要求。机构资质认定标志由 China Inspection Body and Laboratory Mandatory Approval 的英文缩写 CMA 形成的图案和资质认定证书编号组成，式样见图 7-4。机构资质认定证书式样见图 7-5。

图 7-4　机构资质认定标志

图 7-5　机构资质认定证书

一、机构

应是依法成立并能承担法律责任的法人或者其他组织。

（1）不具备独立法人资格的机构应经授权。

（2）应明确组织结构及管理、技术运作和支持服务之间的关系。

（3）应遵守国家相关法律法规规定。

（4）应建立和保持公正和诚信程序；应不受来自内外部等的压力和影响；应建立公正性风险的长效识别机制并能消除或减少该风险；若所在组织还从事检测以外的活动应避免利益冲突；不得使用同时在两个及以上机构从业的人员。

（5）应建立和保持保护客户秘密和所有权的程序；应对检测中的国家、商业和技术秘密实施保密措施。

二、人员

应建立和保持对人员资格确认、任用、授权和能力保持等管理程序。

（1）应与人员建立劳动、聘用或录用关系，明确技术和管理人员岗位职责和任职要求；内外部人员均应行为公正、受到监督、按照管理体系要求履行职责。

（2）应确定管理层：做出公正性承诺；负责管理体系建立和运行；确保资源；制订质量方针和目标；确保管理体系融入检测全过程；组织管评；确保实现预期结果；满足法律法规和客户要求；提升客户满意度；分析风险和机遇。

（3）技术负责人应具有中级及以上专业技术职称或同等能力，全面负责技术运作；质量负责人应确保管理体系得到实施和保持；应指定关键管理人员代理人。

（4）授权签字人应具有中级及以上专业技术职称或同等能力，并经资质认定部门批准。

（5）应对抽样、操作设备、检测、签发报告等人员进行能力确认；应由熟悉检测目的、程序、方法和结果评价的人员对检测人员进行监督。

（6）应建立和保持人员培训程序；培训计划应与当前和预期任务相适应。

（7）应保留人员资格、能力确认、授权、教育培训、监督和能力监控记录。

三、场所环境

应有满足标准要求的固定、临时、可移动或多个地点的场所。

（1）应将从事检测所必需的场所及环境要求制定成文件。

（2）应确保场所工作环境满足要求。

（3）应监测、控制和记录环境条件。

（4）应建立和保持内务管理程序，应隔离不相容活动区域。

四、设备设施

应有开展检测工作的设备设施。

（1）设备设施配备。应配备满足检测要求的设备设施。租用设备管理应纳入管理体系、由机构全权支配、租赁合同明确使用权、同一台设备不允许在同一时期被不同机构租赁。

（2）设备设施维护。应建立和保持设备设施管理程序。

（3）设备管理。应对计量溯源性有要求的设备按计划实施检定或校准；设备投入使用前应确认；应标识设备检定/校准状态；参考标准应满足溯源要求；无法溯源时应保留结果准确性证据；应建立和保持期间核查程序；校准结果修正信息应加以利用。设备检定和校准区别见表 7-3。

表 7-3   检 定 和 校 准 区 别

分类	检　　定	校　　准
定义	确认计量器具符合法定要求，包括检查、加标记和出具检定证书	在规定条件下，为确定测量仪器所指示的量值，与对应的由标准所复现的量值之间关系的一组操作
目的	对测量器具计量特性及技术要求的全面评定	确定测量器具的示值误差
依据	计量检定规程	校准规范
结果	对计量器具做出合格与否的结论，合格的出具检定证书，不合格的出具检定结果通知书	仅提供数据及其测量不确定度，出具校准证书
性质	属法制计量管理范畴	属自愿溯源行为
收费	国家规定收费标准	协议收费

（4）设备控制。应保存设备记录；有唯一性标识；由授权人员操作并维护；脱离直接控制的设备使用前应核查。

（5）故障处理。设备出现故障应停用隔离，直至修复并核查能正常工作。应核查对以前结果的影响。

（6）标准物质。应建立和保持管理程序；应溯源和期间核查。

五、管理体系

应建立和保持管理体系。

（1）总则。应将政策、制度、程序和指导书制订成文件，使人员理解和执行。

（2）方针目标。应阐明质量方针，制订质量目标，在管评时予以评审。

（3）文件控制。应建立和保持文件控制程序，防止使用作废文件。

（4）合同评审。应建立和保持合同评审程序；合同变更客户应同意并通知相关人员；当客户要求报告需符合性声明时应有判定规则并客户同意。

（5）分包。应分包给取得资质认定并有能力的机构，取得委托人同意；应建立和保持分包管理程序。

（6）采购。应建立和保持服务和供应品采购程序；明确购买、验收和存储要求，保存记录。

（7）服务客户。应建立和保持服务客户程序，包括与客户沟通、客户满意度调查、跟踪客户需求以及允许客户进入检测区观察。

（8）投诉。应建立和保持处理投诉程序。明确投诉接收、确认、调查和处理职责，跟踪和记录投诉并采取措施，注重人员回避。

（9）不符合工作控制。应建立和保持不符合工作处理程序。应明确责任和权力、针对风险等级采取措施、评价严重性、决定可接受性、必要时通知客户并取消工作、规定批准恢复工作的职责、记录不符合工作和措施。

（10）纠正措施、应对风险和机遇的措施和改进。应建立和保持纠正措施程序；应通过实施方针目标，应用审核结果、数据分析、纠正措施、管评、人员建议、风险评估、能力验证和客户反馈等信息持续改进管理体系适宜性、充分性和有效性。应考虑风险和机遇。

（11）记录控制。应建立和保持记录管理程序，确保记录标识、贮存等符合要求。

（12）内审。应建立和保持内审程序，以验证运作的符合性。内审每年一次，由质量负责人策划并制定审核方案。内审员须经培训、具备资格、独立于被审核活动。

（13）管评。应建立和保持管评程序。12个月一次，由管理层负责。应确保实施变更或改进，确保体系适宜性、充分性和有效性。保留记录。管评输入包括目标实现等15项内容。输出包括资源等4项内容。

（14）方法的选择、验证和确认。应建立和保持方法控制程序。方法包括标准方法和非标方法。应使用有效版本的标准方法。应验证标准方法、确认非标方法。应跟踪方法变化并重新验证。必要时应制定作业指导书。方法偏离应满足要求。当客户建议的方法不适合应通知客户。

（15）测量不确定度。应建立和保持测量不确定度评定程序。应给出评定测量不确定度案例。出现临界值、内部质量控制或客户有要求时报告测量不确定度。

（16）数据信息管理。应对信息管理系统进行管理。应对计算和数据转移进行检查。当利用计算机对数据进行采集、处理时，应注意：

1）自行开发的软件形成文件，使用前确认，定期确认，升级后确认，保留记录；

2）建立和保持数据完整、正确和保密性程序；

3）定期维护计算机和自动设备。

（17）抽样。应建立和保持抽样控制程序。抽样计划应根据统计方法制定。客户对抽样有偏离要求时应记录并告知相关人员。如偏离影响结果应在报告中声明。

（18）样品处置。应建立和保持样品管理程序。应有样品标识系统。接样时应记录样品异常情况。应控制和记录样品运输、接收、制备等。样品存放时应监控和记录环境条件。

（19）结果有效性。应建立和保持监控结果有效性程序。使用标物等11方法进行监控。质量控制应有方法和计划。

（20）结果报告。检测结果应以检测报告形式发出。报告包括标注资质认定标志、加盖检测专用章、未经本机构批准、不得复制（全文复制外）报告的声明等信息。

（21）结果说明。对检测方法偏离、增加或删减以及检测条件等信息。

（22）抽样结果。从事抽样时，应有充分信息支撑检测报告。

（23）意见和解释。应将意见和解释的依据形成文件并标注。

（24）分包结果。应标明分包结果。

（25）结果传送和格式。当用电话、传真等传送结果时应满足数据控制要求。报告格式应减小产生误解或误用的可能性。

（26）修改。报告签发后若有更正等应记录。修订的报告应有唯一性标识。

（27）记录和保存。原始记录、报告应归档。保存期不少于 6 年。

第四节　实验室记录表格

实验室建立和实施管理体系并保存记录。

一、记录相关表格

记录包括质量记录和技术记录，见表 7-4～表 7-19。

表 7-4　　　　　　　　　　　人 员 培 训 计 划

时间	内容	对象	目的	方式	主讲人	考核	组织实施部门

表 7-5　　　　　　　　　　　培 训 记 录

培训内容			
日期		地点	
主讲人		记录人	
摘要记录			
参加培训人员			

表 7-6　　　　　　　　　　　质 量 监 督 记 录 表

监督项目			
检测依据			
受监督人员		监督人员	

监督内容
□1. 人员资格及资格保持
□2. 熟悉作业指导书及执行情况
□3. 检测标准的符合性
□4. 设备操作情况
□5. 环境设施的符合性
□6. 样品标识情况
□7. 原始记录及数据核查情况
□8. 数据处理及判定
□9. 不确定度评定情况
□10. 结果报告的出具情况等　　　注：实施监督内容前打√，可多项选择

续表

监督结论

□现场纠正	□后续采取纠正措施，完成时间
监督人员签名	日期

表 7-7 设 备 档 案

设备名称		型号	
制造商名称		编号	
接受时状态		接受日期	
验收记录		启用日期	
使用说明书		放置地点	

校准记录

上次校准日期	校准单位	校准结果	有效期

使用维护记录

维修记录

备注

表 7-8 设 备 溯 源 计 划

编号	名称	型号	量值范围	准确度等级	校准单位	校准周期	送检人	计划送检日	备注

表 7-9 购 置 物 品 申 请 表

序号	物品名称	规格型号	数量	预计费用
1				
2				

质量要求

联系人/日期

申请理由

申请部门/日期

批准意见

技术负责人/日期

表 7-10　　　　　　　　　　　　**购 置 物 品 验 收 单**

序号	物品名称及型号	数量	供应商名称	生产单位	出厂编号	验收时间
1						
2						

验收记录

验收人/日期

核准

技术负责人/日期

表 7-11　　　　　　　　　　　**供应商档案（设备类）**

供应商名称			联系电话			
地址			联系人		邮编	
资质材料						
采购时间		采购物品名称			生产单位	

验收情况记录

使用情况记录

表 7-12　　　　　　　　　　　**供应商档案（服务类）**

供应商名称		联系电话		
地址		联系人	邮编	
资质材料				

名称	内容	有效期

表 7-13　　　　　　　　　　　**检 测 标 准 验 证 表**

新标准名称编号		实施时间	
原标准名称编号			
检测对象/项目			
人员资格要求			
设备要求			
设施环境要求			
监测软件及技术记录要求			
试验比对结果			

标准适用性评价
□适用　　　　　　□不适用

备注

验证人		批准人	

表 7-14 开展新项目申请表

新项目名称				负责人	
依据标准	序号	标准号		名称	
	1				
	2				
项目开展原因					
新项目工作内容 及所需条件					
技术负责人意见					
总经理意见					

表 7-15 开展新项目评审表

项目名称		申请表编号	
项目组成员			
市场前景及预计效益			
检测方法及消化接受能力			
设备投入			
环境及实施要求			
现有人员能力（是否需培训或引进）			

综合意见

组长签名　　　日期

专家评审组签名

姓　名	工作单位或部门	职称/职务	签　名
批准意见		批准人	

表 7-16 投　诉　处　理　记　录　表

投诉方		投诉受理时间	
经办人			

投诉内容

调查记录

记录人/日期

处理结果	投诉方的意见
负责人签字/日期	投诉方负责人签字/日期

表 7-17　　　　　　　　　　　　　不 符 合 项 报 告

受审部门	
审核员/日期	

不符合事实描述
不符合项类型
不符合项条款

确认签名（受审部门负责人）	签名（内审员）
日期	日期

不符合根本原因分析

签名（部门负责人）	日期

建议纠正/纠正措施

完成日期

受审部门负责人	认可（内审员）	批准（质量负责人）
日期	日期	日期

纠正措施完成情况

签名（部门负责人）	日期

纠正措施有效性验证情况
签字（内审员）　　　　　　　日期

表 7-18　　　　　　　　　　　　文件更改申请/审批表

文件名称		文件编号	
文件发放日期			
申请更改理由			
申请更改单位 （或个人）		日期	
审批单位	负责人	日期	

表 7-19　　　　　　　　　　　　客 户 调 查 表

检测日期		合同号	

① 合同评审和签约工作　　　　　□满意□不满意
② 试样抽检（若有）　　　　　　□满意□不满意
③ 试样收样/退样　　　　　　　　□满意□不满意
④ 检测报告发送　　　　　　　　□满意□不满意
⑤ 检测报告质量　　　　　　　　□满意□不满意
⑥ 检测报告及时性　　　　　　　□满意□不满意
⑦ 其他（可添入具体意见栏）　　请在所选的"□"内打"√"

具体意见（请对相应不满意条款提出具体事实）

_____

_____

填表单位名称

_____

填表人姓名　　　　　　　　　　　填表时间

_____

二、合格证

电力安全工器具及小型施工机具经预防性试验合格后，一般需要加贴合格证。

1. 基本要求

合格证应符合不同类型的电力安全工器具及小型施工机具及其不同的使用要求。

（1）尺寸以不大于 $12cm^2$ 为宜，一般采用长方形。

（2）材料可采用软质材料（纸、聚酯材料）或硬质材料（薄铝板、薄不锈钢板）；硬质材料的边缘应圆滑。

（3）合格证上信息可采用手写、打印或机械刻压的方式，手写或打印时应使用防水油墨，其清晰度和完整性应保持不小于一个预防性试验周期。必要时，合格证表面可覆透明膜保护。

2. 内容要求

合格证应与检测报告内容一致，包含以下信息：

（1）检验机构名称；

（2）试样名称、编号、规格型号；

（3）试验日期及下次试验日期。

3. 合格证与试样连接

应采用合适的方式使合格证与试样连接。

（1）若试样有足够的平面、弧面且又不易受到机械、热和化学侵蚀的，宜采用粘贴方式。

（2）若试样本身具有永久的唯一性编号且有固定存放位置的，宜采用物、证分离的办法，将合格证粘贴于其存放位置，合格证上应有试样相对应的编号信息。

（3）若不具备以上条件的器具或机具，宜采用硬质合格证挂牌的形式。悬挂处应选择在不易受到机械、热和化学侵蚀和不影响工作处，挂牌用绳索应有足够的强度和抗腐蚀性能。

第八章 实验室管理系统简介

LIMS 是实验室现代综合管理的一种理念，可提高管理效率，减少差错，解决数据跟踪溯源问题，实现实验室管理的科学化和规范化。

一、系统设计

系统设计围绕人员管理等功能模块，见图 8-1，通过快速数据处理技术对实验室进行全方位管理。

图 8-1 功能模块

各模块有不同的功能。

二、人员管理

系统采用卡片式层次分类进行人员管理。

（1）人员档案等信息维护。支持录入人员基本信息。

（2）人员培训考核信息管理。支持制定人员培训计划、组织实施、提交教材、进行效果评价和总结。

（3）人员上岗资格能力管理。支持建立人员检测能力的资质信息与相应的授权。

（4）人员工作量统计。支持人员工作量和出错率统计。

（5）人员信息查询与统计。可设立权限查询，定制人员各种统计分析报表。

三、设备管理

（1）设备档案等信息维护。系统能建立设备台账，包括设备基本信息、设备状态、校准状态、期间核查记录、维修记录等，可通过条码标签进行管理。

（2）设备验收。系统能建立设备进场验收记录。

（3）设备预约。系统能对设备进行动态预约使用管理，并可设置优先级进行预约限制。

（4）设备使用记录。系统能对设备的使用记录进行管理。

（5）设备校验。系统能对设备的校准/检定/期间核查/维护等进行管理，时间到期将自动进行提醒；能自动编制校准计划，上传存储和调阅校准证书等文件。

（6）设备进销存。系统能实现设备的申购、领用、调配、调拨、报废、销账、降级、启用、停用等管理。

（7）设备供应商。系统能建立设备供应商管理。

（8）设备信息报告。系统可设置使用该设备的工作组或用户权限；可按样品、检测项目等查看和统计设备使用情况；校准信息与报告生成系统关联。

（9）设备表格查询。支持设备信息的动态更新；支持以多种形式分类统计、显示。

（10）设备维护模块。支持在线编写、提交、批准设备的维护/维修计划。

（11）设备期间核查模块。支持在线编写、提交、批准期间核查计划。

四、检测流程管理

检测业务流程见图 8-2，系统支持设置多种任务流程模板，可根据实际业务进行流程的定制。

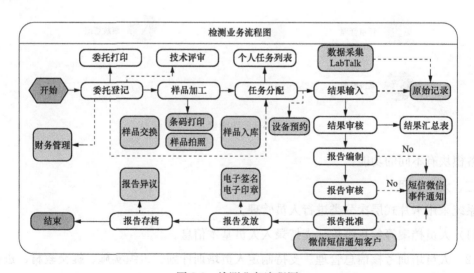

图 8-2　检测业务流程图

1. 样品管理

（1）支持委托样品接收，录入样品基本信息。同时支持网上登记的送检信息。

（2）系统通过权限控制，支持送样单位登录系统进行样品登记工作，支持客户指定的检测方法等。

（3）支持在样品信息登记界面具有记忆功能，减少二次录入的工作，对于标准方法、检测类别、样品分类等采用下拉列表进行选择。

（4）支持自动按部门或责任人生成条形码标签、留样标签。

（5）支持自动按部门生成检测流转卡；对加急样品能自动提示。

（6）支持能按照客户要求格式自动生成检测协议书。

（7）支持按部门或责任人进行分样。

（8）支持为每个送检产生一个唯一的送检密码，并打印在客户的检测协议书上。

（9）支持样品制样的处理登记。

（10）支持样品的留样处理，对到期的样品能自动提示。

（11）支持对特殊样品进行合同评审的流程操作。

2. 检测委托单及任务单

通过填写单位信息、样品信息、规格型号及数量生成检测委托单及任务单。

3. 检测项目维护

支持快速定位检测项目，能自定义常用的项目组。

（1）实现有效的检测方法、检测项目、判断标准等信息化管理，支持动态更新。对方法标准支持采用图片的方式进行全文上传和查询共享。

（2）支持分为检测项目和标准两个相对独立的数据库，系统能进行自动关联。

（3）检测项目的选择定位方便易用，根据样品属性类别以及标准等自动生成检测项目并能修订。

4. 分包管理

系统提供检测项目的分包工作。登录人员在登录样品时需指定样品及项目的分包属性，同时在委托协议中指明分包项目和分包方。

（1）支持分包检测协议签订与审批管理。

（2）支持分包单位资质能力管理。

（3）样品登记支持项目分包功能。

（4）支持分包录入结果，完成样品登记，分包项目自动进入分包流程。

（5）系统支持分包商维护，通过权限控制可浏览分包商信息。

（6）系统支持分包信息的统计、通过分包项目以及分包商统计查询。

（7）系统支持分包项目检测有效期的设置与提醒。

（8）系统支持分包结果打印。

5. 检测任务分配

收样后检测任务自动生成，根据默认自动分配或特殊情况人工分配检测任务。

（1）下达检测任务。

（2）在静态数据中可对每个检验项目负责人和检测员进行手工维护修改。

五、文件管理

受控文件应有唯一性编号，实现动态管理。

1. 受控文件管理

支持与日常管理、检测工作关联的受控文件，方便获得和查阅，限制下载或打印，打印则自动生成受控编号和登记记录。

（1）原始记录能直接应用于工作流程中，可在线添加记录表格申请、制作、审核、批准。

（2）技术标准与受控文件归类管理；设置文件定时查新、审批程序。

（3）对质量手册、程序文件等进行更新保管，提供征集修订意见栏。实现对体系文件的创建、修改、审批、发布的管理，文件信息包括文件分类、编号、保密级别、存放地点、保管人、失效日期、内容提要等，能够实现查询、借阅、归还、销毁等管理，对文件设立查阅等级控制。系统根据文件的有效期，对即将到期的文件进行提醒。

2. 检测标准管理

把检测标准电子档归类到检测类别进行维护。

（1）支持自动导入标准目录，且实现同步更新。

（2）支持包含标准名称、受控编号、持有人、使用状态、是否验证、更新责任人等检测标准一览表的管理；对现行有效性定期检索的自动提示。

（3）扫描或从网络下载检测标准支持导入功能，并可查阅、打印；可实现每一个标准均自动连接到在用检测标准一览表，检测标准原文即点即阅。

（4）支持自动生成标准方法一览表、方法验证记录等。

3. 检测方法选择

支持样品所对应的不同检测方法。

（1）支持为某个检测项目的某种检测方法设定标准检测时间，为计算预计完成时间提供数据基础。

（2）定义各个检测方法的检测范围、修约规则、可供选择计量单位等。

（3）新建检测方法时，系统自动生成检测方法编号。系统控制当前有效的检测方法版本，改变版本应经过审核。

六、环境管理

通过安装现代化传感设备，对实验室内部环境数据实时收集。不仅可在平台上查看实验室内部的实时环境情况，还能设置各项监测数据阈值；当数值超过阈值时，能自动报警。

七、质量管理

质量控制管理中引入过程质量控制中的数理统计方法。

（1）质量图形控制图。支持生成多种显示图形，如质量对比图、质控图等。

（2）实物质量统计。支持指定样品各项数据的波动情况，包括一段时间内的检测项目最大值、最小值、平均值、标准偏差、极差等。支持历史数据对比功能。支持设置统计方式和条件进行统计查询。自定义统计报表模板，自动生成统计报表。通过多种统计格式，进行不合格统计、工作量统计、设备使用率统计、工作成本统计、样品数量统计、报告差错率统计、报告及时率统计等。

（3）质量异常处理。支持异常处理流程，当样品检验不合格时，自动进入异常处理流程。自动流转至相关部门，多个环节进行操作协同处理。自动生成不合格分析报告和不合格处理单。

八、评审管理

1. 内审

（1）内审计划。支持内审计划流程化管理，编制人、审核人、批准人电子签名，对于已读信息自动生成已读回执。

（2）内审检查记录。支持在线填写，也支持打印后填写；内审员填写后可自动发送给各相关部门负责人，负责人电子签名确认后回传；系统自动保留历史记录。

（3）内审报告。支持组长在线填写，批准后发送给相关人员。

（4）整改记录。支持内审员在线填写不符合项，发送至相关部门负责人，确认并填写整改计划后回传；再发送给质量负责人批准后回传；再发送至各相关部门负责人，落实纠正措施后，在线填写回传；内审员现场验证，在线填写，提交给内审组长确认后存档。

2. 管评

支持管评计划流程化管理，编制人、审核人、批准人电子签名，可批量发送给相关人员，已读信息有回执。

（1）制定管评计划，收集输入材料并分发；建立网上评审窗口，进行评审前的征求意见、归纳整理；现场评审资料录入形成报告；针对评审建议，责令责任部门落实、跟踪验证，收集证据归档。

（2）按评审计划进行输入材料分配，各部门提交，保留上传资料、上传时间和上传人等信息，发送给质量负责人汇总，最高管理者预审。

（3）支持在线填写管评报告，发送给最高管理者批准后，发送给相关人员。

九、不符合项

系统可实现不符合工作报告与处理功能。

（1）提供不符合事实描述、涉及条款、严重程度判断；不符合根本原因分析、纠正措施计划；计划批准；纠正措施落实情况总结；纠正措施追踪验证等信息的录入窗体。

（2）支持流程化管理，自动上报，分级电子签名，并提供纠正措施证明材料扫描件导入系统的功能。

（3）支持不符合工作目录、索引的管理。

十、事故管理

（1）对实验流程中发生的事故，按设置的事故等级自动进行划分。

（2）事故发生后，由相关责任人填写原因及责任信息，记录采取的补救措施。

十一、系统管理

包括系统初始化、用户管理、系统设定、数据库管理、工作流程管理、日志管理等。

1. 能力验证/质量监督

（1）能力验证。支持新增能力验证计划、实验室间比对和评价方法的建立。

（2）质量监督管理。支持设置监督员、自动识别监督时机、监督任务、监督环节、监督内容以及发现问题的纠正或预防措施等。支持实时录入监督过程，填写监督日志。支持查看监督。流程。

2. 数据溯源与审计

支持授权人员进行相关查询，调取关联原始数据，包括委托单、人员、设备信息、样品、检测方法、环境、质量控制方法等。

支持历史数据和修改数据保存功能。

支持对修改前数据、修改后数据、修改时间、修改人、修改原因等的审计功能。

3. 用户及权限管理

系统能够实现新增、修改、授权等 LIMS 用户管理。

支持对不同职位、岗位人员设置不同权限，每个人有唯一的登录密码。

支持系统管理员设置管理权限并定期维护。

4. 备份与归档

系统提供数据备份工具软件，支持可灵活设置数据备份方式、备份频率及历史备份数据的保留周期。

备份软件具有异地备份功能，采用双机热备，并能定期自动检查备份的有效性，以防数据信息丢失。

系统可设置当前数据库数据保留时间长度，到期后的数据可自动转存。

支持关系数据库自动分区功能。

5. 消息通知管理

系统开发了消息精灵平台。

（1）通过双击其中的任何环节，可以直接进入操作界面，进行任务处理。

（2）任何操作环节有任务均提示。如提示新到的样品及项目，有新报告需要编制，有新报告需要评价等。

（3）超期提示。如设备校准/核查超期提示，留样样品超期提示等。

（4）其他提示。如资料管理员资料发放、接收、评审提示，文件发放阅读提示等。

6. 提醒

任务提醒、出错查询、设备维修期限提醒、检测状态提醒、人员合同到期提醒、资质到期提醒、设备报废提醒、材料最小量提醒、审核错误提示、报告时限提醒等，支持消息列表显示。

7. 日志管理

系统操作日志：实现对 LIMS 系统进行监控，能自动记录系统用户登录状态和操作信息。

数据修改日志：系统建立后台记录数据库，用以自动记录所有的修改。此功能为只读，只授权人员可查看。

因此，实验室 LIMS 对提高实验室的管理水平有重要意义。